"十四五"普通高等学校规划教材

Access 数据库技术 及应用实验指导

主　编　李红斌　田萍芳　刘　琼

副主编　张志辉　余志兵　廖建平　刘　星

U0172258

中国铁道出版社有限公司
CHINA RAILWAY PUBLISHING HOUSE CO., LTD.

内 容 简 介

本书是《Access 数据库技术及应用》（以下简称主教材）配套的实验指导教材。全书分为两部分：第一部分为实验指导，由 13 个实验组成，突出 Access 的实际应用和操作，通过实验使学生掌握开发数据库应用系统的方法和过程；第二部分为习题，与主教材各章内容相对应，供学生课后练习使用。

本书面向非计算机专业的学生，可作为其学习数据库课程的实验用书，也可作为 Access 数据库应用技术自学者的参考书及全国计算机等级考试（二级）培训的实验指导教材。

图书在版编目（CIP）数据

Access 数据库技术及应用实验指导/李红斌，田萍芳，
刘琼主编. —北京：中国铁道出版社有限公司，2021.4（2022.7 重印）
"十四五"普通高等学校规划教材
ISBN 978-7-113-27691-1

Ⅰ.①A… Ⅱ.①李… ②田… ③刘… Ⅲ.①关系数据库系统-高等学校-教学参考资料 Ⅳ.①TP311.138

中国版本图书馆 CIP 数据核字（2020）第 273188 号

书　　名：Access 数据库技术及应用实验指导	
作　　者：李红斌　田萍芳　刘　琼	

策　　划：徐海英	编辑部电话：（010）63549447
责任编辑：祁　云　李学敏	
封面设计：刘　颖	
责任校对：孙　玫	
责任印制：樊启鹏	

出版发行：中国铁道出版社有限公司（100054，北京市西城区右安门西街 8 号）
网　　址：http://www.tdpress.com/51eds/
印　　刷：三河市宏盛印务有限公司
版　　次：2021 年 4 月第 1 版　2022 年 7 月第 2 次印刷
开　　本：850 mm×1 168 mm 1/16　印张：9.75　字数：258 千
书　　号：ISBN 978-7-113-27691-1
定　　价：28.00 元

前　言

　　本书是《Access 数据库技术及应用》（以下简称主教材）配套的实验指导教材，目的在于帮助学生深入理解教材内容、巩固基本概念，培养学生的动手操作能力，让学生了解 Access 的操作及运行环境，从而切实掌握 Access 的应用。

　　本书分为两部分：第一部分为实验指导，包括 13 个实验，配合主教材的各章内容，从建立空数据库开始，逐步建立库中的各种对象，直至完成一个完整的小型数据库管理系统，实验十三是综合应用练习，可作为学生期末课程设计范例；第二部分是与主教材各章内容相对应的习题，参照了全国计算机等级考试（二级）大纲，并附有参考答案，以期对参加 Access 数据库应用技术等级考试（二级）的学生有所帮助。

　　本书每个实验在结构安排上由以下 5 个模块组成：

- 实验目的：提出实验的要求和目的，即各部分内容需要掌握的程度。
- 知识要点：根据主教材对应章节的知识点给出实验内容，通过实验内容巩固所学的理论知识。
- 实验示例：给出详细具体的操作步骤，配合图例，引导读者一步步完成实验内容。
- 实验习题：配合实验内容，让学生在课后独立完成，使学生进一步提高操作水平，熟练掌握主教材上所学的知识。
- 常见错误：针对往届学生在做实验过程中常碰到的问题和发生的错误，有针对性地强调说明。

　　我们希望通过这种思考加练习的方式，起到一种抛砖引玉的作用，从而为学生在以后的学习中打下良好的基础。

　　本书由李红斌、田萍芳、刘琼任主编，张志辉、余志兵、廖建平、刘星任副主编。本书所有实验都在 Access 2010 中运行通过，鉴于本书篇幅，不可能涵盖 Access 数据库技术的所有内容。

　　因时间仓促，编者水平有限，书中难免存在疏漏之处，恳请同行及读者批评指正。

编　者

2020 年 8 月

目 录

第一部分 实 验 指 导

第二部分 习　　题

第一部分
实验指导

学习数据库的目的是能够运用数据库技术来解决实际问题，因此，不但要掌握数据库技术的理论知识，而且应该熟练地掌握从调查分析到创建数据库再到操纵数据库的整个过程。因此，必须十分重视实践环节，并保证足够的实验时间和较好的实验质量。本课程实验的基本要求如下：

1. 实验前的准备工作

在实验前应预先做好准备工作，以提高实验的效率。准备工作至少应包括以下几方面：

① 复习和掌握与本实验有关的教学内容。

② 准备好实验所需的素材，如进行数据库设计所需要的数据，进行数据库操作所需要的数据库及其有关对象等。应尽量采用从教学活动、实际生产活动或者日常生活中收集来的数据，而不要任意编造，应从一开始就保持严谨的科学作风。

③ 对实验中可能出现的问题应预先做出估计，对实验安排中有疑问的地方应做上记号，以便在实际操作时给予注意或加以验证。

2. 实验过程中应注意的问题

在实验过程中，除了要有积极向上的学习态度、认真细致的工作作风之外，还要注意以下几个问题：

① 清楚地理解当前工作的目的和意义。

② 尝试用各种不同的方法来解决问题，不必一定采用示例中的方法。

③ 注意分析和比较各实验之间的联系和区别、共性和个性。

④ 注意分析实验中出现的各种现象，总结成功或失败的经验，寻找今后努力的方向。

实验 一

数据库的创建与操作

实验目的

① 熟悉 Access 的工作界面。
② 熟悉 Access 菜单栏和工具栏的功能。
③ 掌握 Access 工作环境的设置。
④ 理解数据库的基本概念。
⑤ 熟练掌握数据库的创建方法和过程。

知识要点

① 启动 Access 一共有三种方法。
② 定义自己的工具栏：包括显示或隐藏工具栏，修改现有工具栏。
③ 创建空数据库。
④ 设置数据库的默认路径。
⑤ 利用向导创建数据库。

实验示例

例 1-1 启动 Access。

实验步骤如下：

① 单击"开始"按钮，选择"所有程序"命令。

② 在展开的级联菜单中选择"Microsoft Office Access 2010"命令，启动 Access，或双击桌面上已创建好的 Access 快捷方式图标。

例 1-2 创建一个空的学生成绩管理数据库。

实验步骤如下：

① 利用"计算机"或"资源管理器"在 E 盘上建立一个文件夹，命名为"Access 示例"，即 E:\Access 示例（建议同学们以自己的学号和姓名命名文件夹，如 E:\201106311012 张三）。

② 选择"文件"→"新建"命令，单击"空数据库"超链接，如图 1-1 所示。

图 1-1　"文件新建数据库"对话框

③ 在"保存位置"下拉列表框中指定文件的保存位置为 E:\Access 示例，或为自己创建的文件夹，在"文件名"文本框中输入数据库文件名"学生成绩管理.accdb"，单击"创建"按钮。

例 1-3　将"学生成绩管理"数据库的默认文件夹设置为 E:\Access 示例。

实验步骤如下：

① 在 Access 主窗口中，选择"文件"→"选项"命令，弹出"Access 选项"对话框。

② 选择"常规"选项卡，在"默认数据库文件夹"文本框中输入默认的工作文件夹路径"E:\Access 示例"，或者单击右边"浏览"按钮，选定自己所建数据库文件夹，如图 1-2 所示。

图 1-2　"Access 选项"对话框

③ 单击"确定"按钮，完成设置。

问题：为什么要建立自己的文件夹？不建立可以吗，若建立有何好处？

例1-4　利用向导创建"慈善捐赠 Web 数据库"管理数据库。

实验步骤如下：

① 启动 Access 数据库系统，选择"文件"→"新建"命令，在"可用模板"任务窗格中，单击"样本模板"图标，弹出"样本模板"网页，如图 1-3 所示。

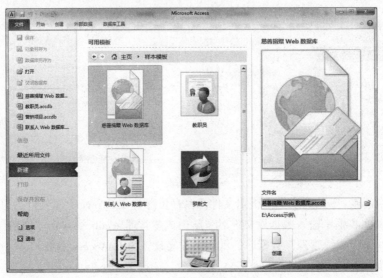

图 1-3　"样本模板"网页

② 选择"慈善捐赠 Web 数据库"模板。

③ 在"保存位置"下拉列表框中指定文件的保存位置为"E:\Access 示例"，再输入数据库文件名"慈善捐赠 Web 数据库"，单击"创建"按钮。

④ 系统自动创建"慈善捐赠 Web 数据库"，并且进入"登录"页面，单击"新建用户"按钮并且登录系统，如图 1-4 所示。

图 1-4　"登录"对话框

⑤ 查看"慈善捐赠 Web 数据库"数据库中所包含的各种对象。

实验习题

① 创建一个名为"图书查询管理系统"的文件夹。

② 在"图书查询管理系统"文件夹中，创建一个名为"图书查询管理"的空数据库。

常见错误

① 设置默认路径时，没有建立文件夹，就直接输入默认文件夹名称，导致错误。

② 文件夹名称路径及名称输入错误，或者输入了全角的冒号。

实验 二

数据表的创建与维护

实验目的

① 熟练掌握数据表的多种创建方法。
② 掌握字段属性的设置。
③ 掌握修改数据表结构的相关操作。
④ 熟练掌握数据表内容的输入方法及技巧。
⑤ 掌握调整数据表外观的方法。

知识要点

1. 表结构

Access 表由表结构和表内容两部分组成。其中，表结构是指数据表的框架，主要包括表名、字段名称、字段类型、字段说明以及字段属性。

2. 创建表的方法

创建表主要有四种方法：

① 使用向导创建表。
② 使用设计器创建表。
③ 通过输入数据创建表。
④ 使用已有数据创建表。

3. 数据的输入

表创建完成后可以直接向表中输入数据，也可以重新打开表输入数据。数据类型不同，数据的输入方法也不同。

4. 表的属性设置

当选择了某个字段后，"设计视图"下方的"字段属性"区域就会显示出该字段的相应属性，用户可以进行设置。

5. 表的维护

表的维护分为修改表的结构，修改表中的数据，修改表的外观，表的复制、删除、重命名，数据的导入和导出等。

6. 修改表的外观

数据表的显示可以根据个人喜好进行个性化设置，改变表的显示外观包括字体设置、单元格设置、设置行高和列宽、隐藏某些列、冻结列、改变字段的显示顺序等。

实验示例

例 2-1　利用表设计器创建一个空表，名为“学生表”，表的结构如表 2-1 所示。

表 2-1　“学生表”结构

字段名称	数据类型	字段大小	字段名称	数据类型	字段大小
学号	文本	6	专业	文本	10
姓名	文本	4	四级通过	是/否	默认
性别	文本	1	入学成绩	数字	整型
出生日期	日期型	中日期	家庭住址	文本	20
政治面貌	查阅向导	2			

实验步骤如下：

① 打开“学生成绩管理”数据库，单击“创建”选项卡，再在“表格”组中单击“表设计”按钮，打开表的设计视图。

②在设计视图窗口中输入“学生表”中每个字段的名称、类型、长度等信息。

③ 选择“文件”→“保存”命令，或单击快速访问工具栏中的“保存”按钮，在弹出的“另存为”对话框中输入表名“学生表”，然后单击“确定”按钮完成操作，如图 2-1 所示。

④ 在“尚未定义主键”提示对话框中单击“否”按钮，完成“学生表”的建立。

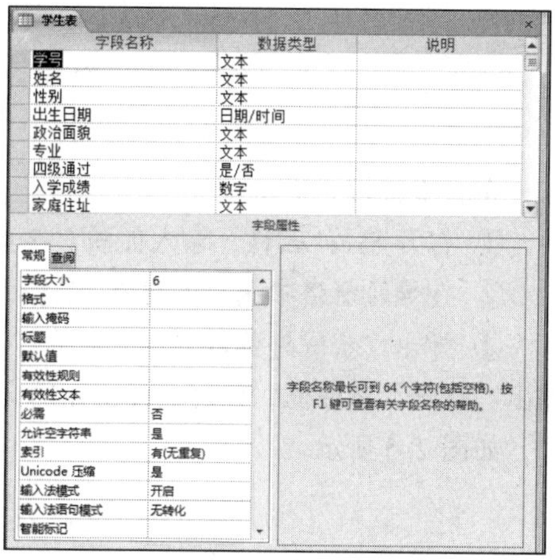

图 2-1　“学生表”设计视图窗口

例 2-2　输入“学生表”的数据内容。

实验步骤如下：

单击“表格工具/字段”→“视图”→“视图”按钮，切换到“数据表视图”，为“学生表”输入数据内容，如图 2-2 所示。

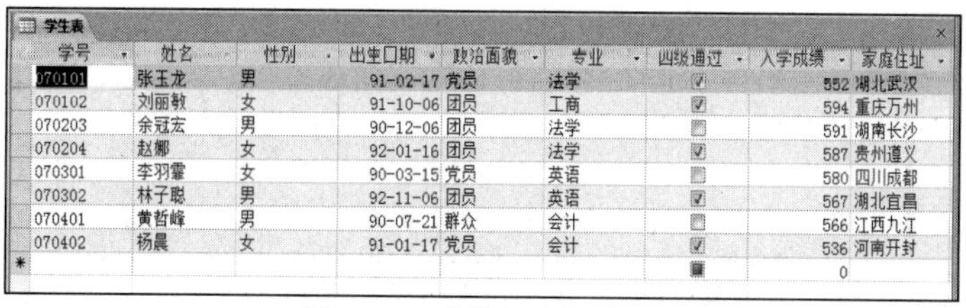

学号	姓名	性别	出生日期	政治面貌	专业	四级通过	入学成绩	家庭住址
070101	张玉龙	男	91-02-17	党员	法学	☑	552	湖北武汉
070102	刘丽敏	女	91-10-06	团员	工商	☑	594	重庆万州
070203	余冠宏	男	90-12-06	团员	法学	☐	591	湖南长沙
070204	赵娜	女	92-01-16	团员	法学	☑	587	贵州遵义
070301	李羽雯	女	90-03-15	党员	英语	☐	580	四川成都
070302	林子聪	男	92-11-06	团员	英语	☑	567	湖北宜昌
070401	黄哲峰	男	90-07-21	群众	会计	☐	566	江西九江
070402	杨晨	女	91-01-17	党员	会计	☑	536	河南开封
*							0	

图 2-2　“学生表”窗口

例 2-3 将 Excel 表（见图 2-3）导入为"学生成绩管理"数据库中的表对象。

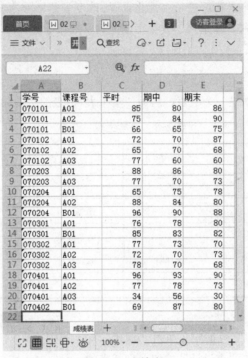

图 2-3 成绩表

实验步骤如下：

① 打开 Excel 软件，输入如图 2-3 成绩表所示数据，保存为"成绩表.xlsx"。

② 在导航窗格中选择表对象，右击任何一个表，在弹出的快捷菜单中选择"导入"→Excel 命令。

③ 弹出"获取外部数据"对话框，如图 2-4 所示。在"指定数据源"右边单击"浏览"按钮，弹出"打开"对话框，确定文件所在的文件夹为"E:\Access 示例"，在文件列表中选择"成绩表"文件，如图 2-5 所示。

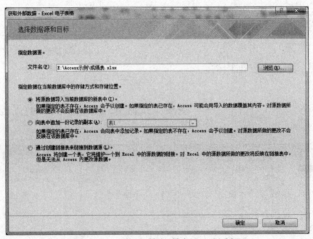

图 2-4 "获取外部数据"对话框

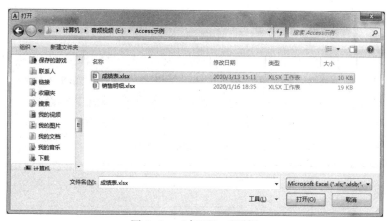

图 2-5 "打开"对话框

④ 单击"打开"按钮，弹出"导入数据表向导"对话框，按向导提示一步步完成导入 Excel 工作表的操作，将新建的表命名为"成绩表"。

例2-4 按照例 2-1 的方法利用表设计器创建"课程表""课程类别表"的表结构，表结构如表 2-2 与表 2-3 所示，并且按照图 2-6 和图 2-7 所示输入两表的数据。

表 2-2 "课程表"结构

字 段 名 称	数 据 类 型	字 段 大 小	小 数
课程号	文本	3	—
课程名	文本	10	—
学时	数字	整型	—
学分	数字	单精度	1
类别代码	文本	1	—
简介	备注型	默认	—

表 2-3 "课程类别表"结构

字段名称	数据类型	字段大小
类别代码	文本	1
类别名称	文本	20

课程表					
课程号	课程名	学时	学分	类别代码	简介
A01	高等数学	90	5	A	
A02	大学英语	72	4	A	
A03	体育	36	2	A	
B01	计算机应用基础	64	3.5	B	
C01	网页设计基础	40	2	C	
D01	京剧艺术欣赏	10	1	D	

记录：第 1 项(共 6 项) 无筛选器 搜索

图 2-6 "课程表"数据

课程类别表	
类别代码	类别名称
A	学科基础课
B	专业必修课
C	专业选修课
D	任意选修课
E	实践教学课

记录：第 1 项(共 5 项)

图 2-7 "课程类别表"数据

例2-5 按表2-4所示修改"成绩表"的表结构并输入数据。

实验步骤如下：

① 在导航窗格中选中成绩表，单击"视图"按钮 ✍ ▾，打开该表的设计窗口。

② 按照表2-4的要求修改各字段的"数据类型"和"字段大小"等相关属性。

③ 单击表设计器窗口中的"关闭"按钮，保存对"成绩表"表结构的修改。

④ 以"数据表视图"方式打开成绩表，检查"成绩表"数据内容。

表2-4 "成绩表"结构

字 段 名 称	数 据 类 型	字 段 大 小	小 数
学号	文本	6	—
课程号	文本	3	—
平时	数字	单精度	1
期中	数字	单精度	1
期末	数字	单精度	1

例2-6 修改"课程表"表结构，将学分字段的类型修改为"计算"型，表达式为"学时/16"。

实验步骤如下：

① 在导航窗格中选中"课程表"，单击"视图"按钮 ✍ ▾，打开该表的设计窗口。

② 选中"学分"字段，单击"表格工具/设计"→"工具""删除行"按钮将该字段删除，再将光标移动到"类别代码"字段，单击"表格工具/设计"→"工具""插入行"按钮 ᔗ。

③ 在新插入行的"字段名称"列中输入"学时"，在"数据类型"列设置其类型为"计算"。

④ 在弹出的"表达式生成器"中输入"学时/16"，如图2-8所示。单击"确定"按钮，"关闭表达式生成器"对话框。

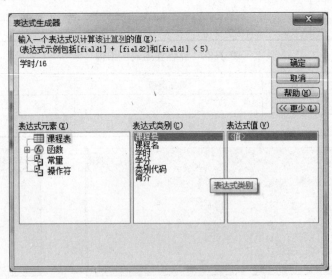

图2-8 学分设置"表达式生成器"对话框

⑤ 以"数据表视图"方式打开课程，查看"课程表"数据内容。

例2-7　设置"学生表"中"性别"字段的默认值为"男",将允许值范围定义为"男"或"女",并设置有效性文本。

实验步骤如下:

① 在导航窗格中选择"学生表",单击"开始"→"视图"→"设计视图"命令,打开该表的设计窗口。

② 选定"性别"字段,在"默认值"文本框中输入""男""(注意输入引号)。

③ 单击"有效性规则"文本框右侧的生成器按钮 ⋯,弹出"表达式生成器"对话框,输入"[性别]="男" OR [性别]="女"",如图 2-9 所示。

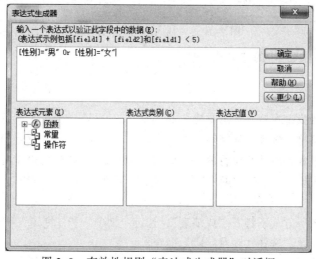

图 2-9　有效性规则"表达式生成器"对话框

④ 在"有效性文本"文本框中输入""性别只能是男或女""(注意错误信息必须用英文双引号括起来)。

⑤ 单击"保存"按钮,完成属性设置。

切换到数据表视图,查看"学生表"最后一行"性别"字段中出现的默认值。在"性别"字段中输入其他字符,验证有效性规则。

例2-8　在"学生表"中插入一个照片字段,并为每一个记录添加 OLE 类型数据"照片"。

实验步骤如下:

① 在"设计视图"窗口中打开"学生表"。

② 将光标移动到最后一个字段的后面,然后单击"插入行"按钮 ꞉꞉。

③ 在新插入行的"字段名称"列中输入"照片",在"数据类型"列设置其类型为"OLE 对象"。

④ 单击"保存"按钮,保存所做的修改。

⑤ 切换到"数据表视图",选定某个记录的"照片"字段,右击打开快捷菜单,选择"插入对象"命令,弹出"插入对象"对话框,选中"由文件创建"单选按钮,单击"浏览"按钮,找到要插入的 bmp 格式图片,单击"确定"按钮,如图 2-10 所示,重复进行该操作,为每个记录加入一张照片。

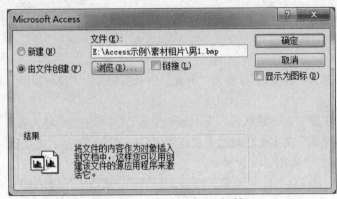

图 2-10   "插入对象"对话框

例 2-9   冻结"学生表"中的"学号"列。

实验步骤如下：

① 双击"学生表"。

② 单击"学号"字段选定器，选定要冻结的字段。

③ 右击打开快捷菜单，选择"冻结字段"命令。

④ 拖动滑块或单击水平滚动按钮将表左右移动，观察效果，同样的操作再将冻结字段解除冻结。

例 2-10   隐藏"成绩表"中的"期中"及"期末"字段。

实验步骤如下：

① 在"数据表视图"方式下打开"成绩表"，选定"期中"和"期末"字段。

② 右击打开快捷菜单，选择"隐藏字段"命令。

③ 观察结果，再取消隐藏。

例 2-11   设置"学生表"的格式。

实验步骤如下：

① 双击"学生表"。

② 按【Ctrl+A】组合键选中全体表格，在"文本格式"中将"学生表"的字体、字形、字号及颜色分别调整为隶书、粗体、四号及深蓝色。

③ 在"设置数据表格式"对话框中设置单元格效果为平面，网格线为蓝色，背景为白色。

④ 观察结果，完成对数据表的格式设置。

实验习题

① 分别创建"图书查询管理"数据库中的 4 张表，结构和数据如图 2-11 ~ 图 2-18 所示。

字段名称	数据类型
读者编号	文本
姓名	文本
性别	文本
办证日期	日期/时间
联系电话	文本
照片	OLE 对象
工作单位	文本

图 2-11   "读者信息表"结构

读者编号	姓名	性别	办证日期	联系电话	照片	工作单位
001	苏冰	女	2011-6-18	68893221	位图图像	管理学院
002	袁婷	女	2011-7-1	68893222	位图图像	文法学院
003	李立明	男	2011-10-6	68893223	位图图像	管理学院
004	谢灵	女	2011-9-10	68893224	位图图像	城建学院
005	杨雨晴	女	2011-3-15	68893225	位图图像	计算机学院
006	张志磊	男	2011-4-3	68893226	位图图像	计算机学院
007	刘庆	男	2011-1-17	68893227	位图图像	计算机学院
008	赵敏凡	女	2011-5-18	68893228	位图图像	城建学院
009	孙哲	男	2011-5-19	68893229	位图图像	计算机学院
010	周瑞民	男	2011-5-20	68893223	位图图像	城建学院

记录：｜◀ ◀ ｜   10 ｜▶ ▶｜ ▶＊｜ 共有记录数：10

图 2-12   "读者信息表"参考数据

字段名称	数据类型
图书编号	文本
书名	文本
类别代码	文本
出版社	文本
作者	文本
价格	数字
页码	数字
登记日期	日期/时间
是否借出	是/否

图 2-13　"图书信息表"结构

图 2-14　"图书信息表"参考数据

图 2-15　"借阅信息表"结构

读者编号	图书编号	借书日期	还书日期	超出天数	罚款金额
001	0003	2011/9/30	2011/12/20		0
002	0002	2012/1/18			0
003	0001	2012/3/29			0
003	0002	2012/3/16	2012/6/3		0
004	0001	2011/10/18	2012/1/10		0
005	0004	2011/12/26	2012/2/1		0
008	0004	2012/4/21			0
009	0003	2012/5/1			0
010	0010	2011/12/31	2012/1/1		0
*					0

图 2-16　"借阅信息表"参考数据

字段名称	数据类型
类别代码	文本
图书类别	文本
借出天数	数字

图 2-17　"图书类别表"结构

	类别代码	图书类别	借出天数
+	001	基础	60
+	002	专业	30
+	003	期刊	15
+	004	外文	90
+	005	语文	10

图 2-18　"图书类别表"参考数据

② 设置"读者信息表"中"性别"字段的默认值、有效性规则和有效性文本。

③ 练习冻结列、隐藏列。

④ 练习设置表的格式。

常见错误

① 将 Excel 表"成绩表"导入为"学籍管理系统"中的表对象时，在"E:\Access 实验"文件夹中不存在 Excel 格式的成绩表。

② 导入时，文件类型应选择"Microsoft Excel"，否则找不到相应的 Excel 格式的成绩表。

③ 设置性别有效性规则时，字段名称忘记加"[]"，系统自动加了"""，造成错误。

④ 设置有效性文本时，忘记加双引号，或者双引号不是在英文输入法状态下输入的。

实验 三

数据表的排序与索引

 **实验目的**

① 掌握各种筛选记录的方法。
② 掌握表中记录的排序方法。
③ 掌握索引的种类及建立方法。
④ 掌握表间关联关系的建立。

知识要点

1．表数据的显示

显示表的内容可分为浏览显示和筛选显示。

浏览显示：在数据表视图下打开表文件，即可浏览表的内容。

筛选显示：从众多的数据中挑选满足某种条件的那部分数据显示出来，以便用户查看。

Access 提供了 5 种筛选方式，分别是：按选定内容筛选、内容排除筛选、筛选目标筛选、按窗体筛选及高级筛选。

2．表的排序和索引

排序是根据当前表中的一个或多个字段的值对整张表中的所有记录进行重新排列。选择"记录"→"排序"命令，可在"数据表视图"窗口中对记录进行简单排序；对多个字段排序，可以使用"应用筛选/排序"。

索引是按某个索引关键字（或表达式）来建立记录的逻辑顺序，不改变文件中记录的物理顺序。索引按照功能分可分为唯一索引、主索引和普通索引 3 种类型。可使用表设计器或"索引"窗口创建索引。

3．建立表间关系

表之间的关系实际上是实体间关系的反映。实体间的联系有 3 种，即"一对一"、"一对多"和"多对多"，因此表间的关系也分为这 3 种。

实验示例

例3-1　使用"按内容筛选"方法，显示"学生表"中所有"政治面貌"为"团员"的学生记录。

实验步骤如下：

① 在"数据表视图"窗口中打开"学生表"。

② 在数据表中找到"政治面貌"字段值为"团员"的任意一条记录并选中该值。

③ 单击"开始"→"排序和筛选"→ 🏷 "选择"→"等于"团员""命令，或者右击快捷菜单的"等于"团员""命令，这时在"数据表视图"窗口中显示出所有"政治面貌"字段的值为"团员"的记录，结果如图 3-1 所示，单击"切换筛选"按钮 🏷 取消筛选。

学生表									
学号	姓名	性别	出生日期	政治面貌	专业	四级通过	入学成绩	家庭住址	照片
070102	刘丽敏	女	1991/10/6	团员	工商	☑	594	重庆万州	Bitmap Image
070203	余冠宏	男	1990/12/6	团员	法学	☑	591	湖南长沙	Bitmap Image
070204	赵娜	女	1992/1/16	团员	法学	☑	587	贵州遵义	Bitmap Image
070302	林子聪	男	1992/11/6	团员	英语	☑	567	湖北宜昌	Bitmap Image
*							0		

图 3-1　筛选后的"学生表"

例 3-2　使用"按窗体筛选"方法，在"学生表"中筛选出"性别"为"女"并且"政治面貌"为"团员"的学生记录。

实验步骤如下：

① 在"数据表视图"窗口中打开"学生表"。

② 单击"开始"→"排序和筛选"→"高级"→"按窗体筛选"命令，打开"按窗体筛选"窗口，如图 3-2 所示。

③ 选中"性别"字段，单击其右侧的下拉按钮，在展开的列表框中选择"女"。

④ 选中"政治面貌"字段，单击其右侧的下拉按钮，在展开的列表框中选择"团员"，设置的筛选条件如图 3-2 所示。

学生表: 按窗体筛选									
学号	姓名	性别	出生日期	政治面貌	专业	四级通过	入学成绩	家庭住址	照片
		"女"		"团员"					

图 3-2　"按窗体筛选"窗口

⑤ 单击"开始"→"排序和筛选"→"切换筛选"按钮 🏷 ，即可进行筛选，筛选结果如图 3-3 所示，共筛选出 2 条记录，单击"切换筛选"按钮 🏷 取消筛选。

学生表									
学号	姓名	性别	出生日期	政治面貌	专业	四级通过	入学成绩	家庭住址	照片
070102	刘丽敏	女	1991/10/6	团员	工商	☑	594	重庆万州	itmap Image
070204	赵娜	女	1992/1/16	团员	法学	☑	587	贵州遵义	itmap Image
*							0		

图 3-3　筛选出女生中的团员结果

例 3-3　使用按"按条件筛选"方法，显示"学生表"中所有"入学成绩"在 560 分以上的学生记录。

实验步骤如下：

① 在"数据表视图"窗口中打开"学生表"。

② 选中"入学成绩"字段，单击"开始"→"排序和筛选"→"筛选器"按钮，在弹出的窗口中，选择"数字筛选器"→"大于"菜单，或者右击快捷菜单中"数字筛选器"→"大于"命令，在弹出的"自定义筛选"对话框中的文本框内输入条件">560"，如图 3-4 所示。

③ 按"确定"按钮执行筛选，结果如图 3-5 所示，单击"切换筛选"按钮 🏷 取消筛选。

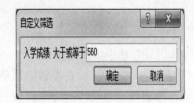

图 3-4 "自定义筛选"对话框

图 3-5 按"条件筛选"筛选结果

例 3-4 使用按"高级筛选"方法，在"学生表"表中筛选出 1991 年以后出生（不含 1991 年）的女生。

实验步骤如下：

① 在"数据表视图"窗口中打开"学生表"。

② 单击"高级"按钮，在弹出菜单中选择"高级筛选/排序"命令，打开"筛选"窗口。

③ 设置"性别"字段的条件。在"筛选"窗口下半部分的设计网格中，单击第 1 列的"字段"行，并单击其右侧的下拉按钮，在展开的列表框中选择"性别"字段，然后在该列的"条件"行中输入"女"。

④ 设置"出生日期"字段的条件。在设计网格中，单击第 2 列的"字段"行，并单击其右侧的下拉按钮，在展开的列表框中选择"出生日期"字段，然后在该列的"条件"行中输入">#1991-1-1#"，如图 3-6 所示。

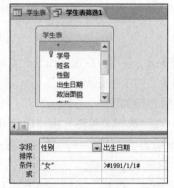

图 3-6 "高级筛选/排序"窗口的设计网格

⑤ 单击工具栏中的"切换筛选"按钮 🔽，结果如图 3-7 所示。

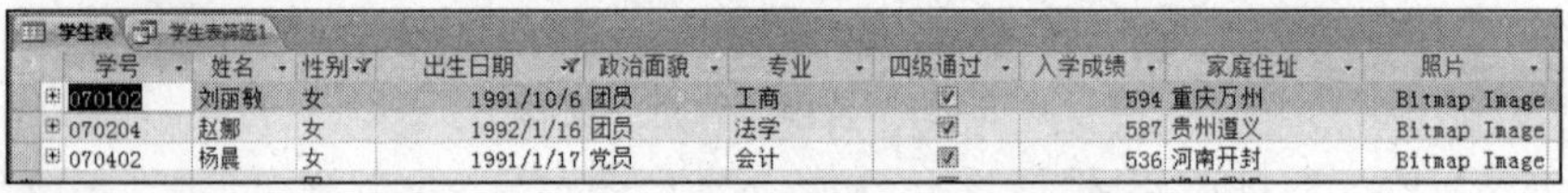

图 3-7 "高级筛选/排序"的筛选结果

例 3-5 对"学生表"中的记录按"出生日期"字段降序排列。

实验步骤如下：

① 在"数据表视图"窗口中打开"学生表"。

② 选中"出生日期"字段，单击"开始"→"排序和筛选"→"降序"按钮，排序结果如图 3-8 所示。

图 3-8 按"出生日期"降序排序的结果

如果要取消对记录的排序，选择"取消排序"按钮，可以将记录恢复到排序前的顺序。

例 3-6　对"学生表"中的记录按"性别"和"入学成绩"两个字段排序,其中"性别"字段为升序,"入学成绩"字段为降序。

实验步骤如下:

① 在"数据表视图"窗口中打开"学生表"。

② 单击"高级"按钮,在弹出的菜单中选择"高级筛选/排序"命令,打开"筛选"窗口。

③ 在设计网格中,单击第一列的"字段"栏,从字段列表中选择"性别"字段,在"排序"栏中选择"升序"。

④ 单击第二列的"字段"栏,从字段列表中选择"入学成绩",在"排序"栏中选择"降序",设置后的条件如图 3-9 所示。

⑤ 单击"切换筛选"按钮 ▽,排序结果如图 3-10 所示。

图 3-9　设计排序条件 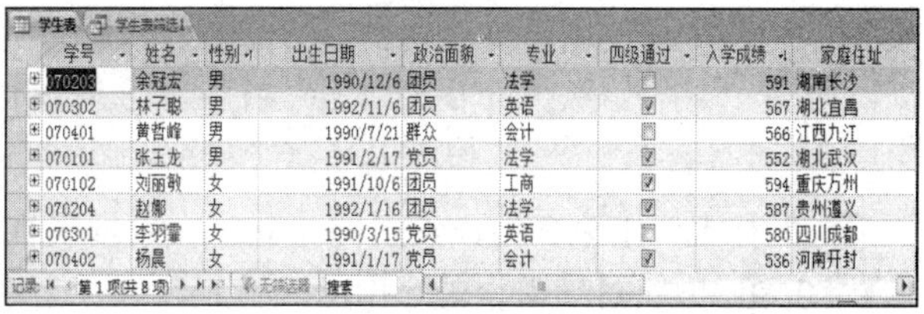　　　　图 3-10　按"性别"升序和"入学成绩"降序排序的结果

例 3-7　对"学生表"中的"学号"字段创建唯一索引。

实验步骤如下:

① 在"设计视图"窗口中打开"学生表"。

② 选中"学号"字段,在"常规"选项卡中单击"索引"属性的下拉按钮,然后选择"有(无重复)"选项,如图 3-11 所示。

③ 保存表,结束索引的建立,在数据表视图窗口中观察"学生表"的显示顺序。

图 3-11　创建单字段唯一索引

例 3-8　对"学生表"中的"性别"和"入学成绩"字段创建普通索引。

实验步骤如下:

① 在"设计视图"窗口中打开"学生表"。

② 单击"表格工具/设计"→"显示/隐藏"→"索引"按钮 ,弹出"索引"对话框。

③ 在"索引名称"列输入"性别入学成绩";在"字段名称"下拉列表框中选择第一个字段"性别",排序次序为"升序";在"字段名称"列的下一行选择第二个字段"入学成绩"(该行的"索引名称"为空),排序为"降序"。

④ 单击"索引名称"列中的"性别入学成绩",在"索引属性"中选择"唯一索引",如图 3-12 所示。

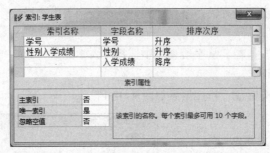

图 3-12 在"索引"对话框中设置多字段唯一索引

⑤ 保存表,结束多字段索引的建立,在数据表视图窗口中观察"学生表"的显示顺序。

例3-9 删除对"学生表"中的"性别"和"入学成绩"字段所创建的唯一索引。

实验步骤如下:

① 在"设计视图"窗口中打开"学生表",并打开"索引"对话框。

② 右击要删除的索引字段"性别",在弹出的快捷菜单中选择"删除行"命令,如图 3-13 所示。

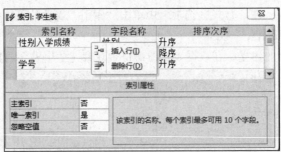

图 3-13 删除多字段唯一索引

③ 右击要删除的索引字段"入学成绩",在弹出的快捷菜单中选择"删除行"命令。

④ 保存表,在数据表视图窗口中观察"学生表"的显示顺序。

例3-10 将"课程表"中的"课程号"字段设置为主键。

实验步骤如下:

① 在"设计视图"窗口中打开"课程表"。

② 选中"课程号"字段,单击"表格工具/设计"→"工具"→"主键"按钮 ,查看"课程号"字段选定区是否出现标记 。

③ 单击"保存"按钮,保存所做的修改。

用上述方法将"课程类别表"的"类别代码"字段设置为主键。将"学生表"中已按"学号"字段建立的唯一索引更改为主索引。

例3-11 将"成绩表"中的"学号"和"课程号"字段设置为主键。

实验步骤如下：

① 在"设计视图"窗口中打开"成绩表"，按住【Ctrl】键的同时单击"学号"和"课程号"字段的行选定器，再单击"主键"按钮 ⚷。

② 打开"索引"窗口，观察设置主键后"索引"窗口的变化。

例3-12 建立各个表之间的联系：

① 建立主表"学生表"与从表"成绩表"间的一对多联系。

② 建立主表"课程表"与从表"成绩表"间的一对多联系。

③ 建立主表"课程类别表"与从表"课程表"间的一对多联系。

实验步骤如下：

① 在"数据库工具"卡片项窗口中单击工具栏中的"关系"按钮 📇，打开"关系"窗口。

② 右击编辑区空白处，在弹出的快捷菜单中选择"显示表"菜单 📇，弹出"显示表"对话框。

③ 在"显示表"对话框中分别选择"学生表"、"成绩表"、"课程类别表"和"课程表"，单击"添加"按钮将它们添加到"关系"窗口中，如图 3-14 所示。

④ 在"关系"窗口中拖动"学生表"的"学号"字段到"成绩表"的"学号"字段上，释放鼠标，弹出"编辑关系"对话框，如图 3-15 所示。

图 3-14 "关系"窗口

图 3-15 "编辑关系"对话框

⑤ 选中"实施参照完整性"复选框，单击"创建"按钮，两表间出现一条连线，即建立了主表"学生表"与从表"成绩表"间的一对多联系。

⑥ 重复步骤④~⑤的操作，将数据库中其他表间的联系逐个建立起来，并保存联系，如图 3-16 所示。

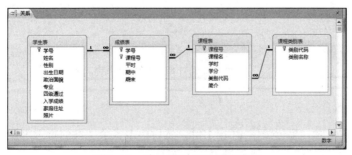

图 3-16 建立联系后的关系窗口

注意：在建立表间关系前，一定要检查主从表中相关联字段数据是否一致，是否从表中有数据，而主表中缺少该数据的情况，若有，则修改这些数据使其一致。

实验习题

① 使用"按选定内容筛选"方法，显示"图书信息表"中所有"出版社"为"高等教育出版社"的图书记录。

② 使用"按窗体筛选"方法，显示"图书信息表"中所有"出版社"为"科学出版社"的图书记录，且"是否借出"值为"是"的记录。

③ 使用按"条件筛选"方法，显示"图书信息表"中所有"价格"在 30 元以下的图书记录。

④ 使用按"高级筛选"方法，显示"图书信息表"中所有"出版社"不是"科学出版社"，且"价格"在 30 元以上的图书记录。

⑤ 对"图书信息表"中的记录按"价格"字段降序排列。

⑥ 对"图书信息表"中的记录按"出版社"和"价格"两个字段排序，其中"出版社"字段为升序，"价格"字段为降序。

⑦ 对"图书信息表"中的"图书编号"字段创建唯一索引。

⑧ 对"图书信息表"中的"出版社"和"书名"字段创建普通索引。

⑨ 删除对"图书信息表"中的"出版社"和"书名"字段所创建的普通索引。

⑩ 将"读者信息表"中的"读者编号"字段设置为主键。

⑪ 建立"借阅信息表"，并将表中"读者编号"、"图书编号"和"借书日期"字段设置为主键。

⑫ 建立各个表之间的联系（见图 3-17）：

- 建立主表"读者信息表"与从表"借阅信息表"间的一对多联系。
- 建立主表"图书信息表"与从表"借阅信息表"间的一对多联系。
- 建立主表"图书类别表"与从表"图书信息表"间的一对多联系。

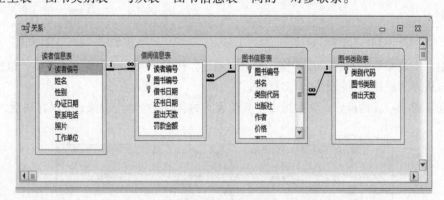

图 3-17 "图书查询管理"数据库中表间联系

常见错误

① 多字段建立主键时，忘记按住【Ctrl】键，然后单击多个字段的行选定器。

② 无法正常设置参照完整性，错误提示如图 3-18 所示。

图 3-18　无法正常设置参照完整性错误 1

错误原因：两个表的公共字段类型不一致。

③ 无法正常设置参照完整性，错误提示如图 3-19 所示。

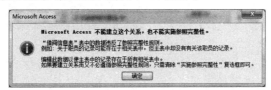

图 3-19　无法正常设置参照完整性错误 2

错误原因：从表中有的记录在主表里没有。

实验 ④

查询的创建与操作(一)

实验目的

① 掌握查询设计视图的使用。
② 掌握查询向导的使用。
③ 掌握创建计算查询的方法。
④ 掌握在查询中添加计算字段的方法。
⑤ 掌握参数查询的创建方法。

知识要点

1．创建查询的方法

在 Access 中建立查询一般可以使用两种方法，即使用查询向导创建查询、使用设计视图创建查询。

利用查询向导创建查询就是使用 Access 系统提供的查询向导，按照系统的引导完成查询的创建。它只能从数据源中指定若干个字段进行输出，但不能通过设置条件来限制检索的记录。

用户可以通过设计视图创建比较复杂的查询。

2．选择查询

选择查询是 Access 中最常用的一种查询。它能自由地从一个或多个表或查询中抽取相关的字段和记录进行分析和处理。通常情况下，如果不指定查询的类型，默认都是选择查询。

除了从表或查询中筛选需要的原始数据外，Access 还可以在查询中对某些字段进行计算。例如，通过出生日期计算年龄，求价格 × 数量等。

为查看此类信息，需要在查询中重新定义字段。自定义计算就是在设计网格中创建新的计算字段。

除了自己定义一些表达式进行计算查询外，系统也提供了一些统计函数对表或查询进行统计计算，即预定义计算查询。Access 中可以使用的聚合函数及其作用如下：

- 总计：计算某个字段的累加值。
- 平均值：计算某个字段的平均值。
- 计数：统计某个字段中非空值的个数。
- 最大值：计算某个字段中的最大值。
- 最小值：计算某个字段中的最小值。

- 标准差：计算某个字段的标准差。
- 方差：计算某个字段的方差。
- 分组：定义用来分组的字段。
- 第一条记录：求出表或查询中第一条记录的字段值。
- 最后一条记录：求出表或查询中最后一条记录的字段值。
- 表达式：创建表达式中包含统计函数的计算字段。
- 条件：指定分组满足的条件。

3．参数查询

参数查询就是将查询中的字段准则，确定为一个带有参数的条件，用户在执行参数查询时会弹出一个输入对话框，提示用户输入信息，系统在运行时根据给定的参数值确定查询结果，而参数值在创建查询时无须定义。参数查询有两种形式：单参数查询和多参数查询。

实验示例

例 4-1 在学生表中查询入学成绩在 560 分（含 560 分）以上的记录，查询结果中包括学号、姓名、性别、专业和入学成绩 5 个字段。查询名称为"入学成绩高于 560"。

实验步骤如下：

① 在 Access 中打开"学生成绩管理"数据库。

② 单击"创建"→"查询"→"查询设计"按钮，弹出图 4-1 所示的"显示表"对话框。

③ 在"显示表"对话框的"表"选项卡中，双击"学生表"，"学生表"将自动添加到查询设计视图窗口中，单击"关闭"按钮，关闭"显示表"对话框。

④ 分别双击"学生表"中的"学号"、"姓名"、"性别"、"专业"和"入学成绩"字段，将它们添加到"设计网格"的"字段"行中。

⑤ 在"入学成绩"字段对应的"条件"行中输入条件">=560"，如图 4-2 所示。

图 4-1 "显示表"对话框

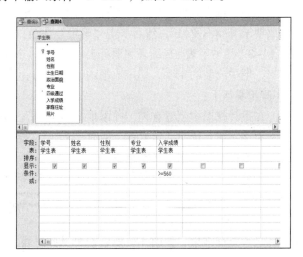

图 4-2 查询设计视图

单击"运行"按钮查看运行结果，如图 4-3 所示。

⑥ 如果查询结果正确，可单击"保存"按钮，弹出"另存为"对话框，在其中输入查询名称"入学成绩高于 560"，然后单击"确定"按钮。

如果生成的查询不完全符合要求，可以在设计视图中更改查询。

例4-2 查询期中或期末成绩不及格的记录，要求显示"学号"、"姓名"、"性别"、"期中"和"期末"5 个字段。

实验步骤如下：

① 在数据库窗口中选择"查询"对象，再双击"在设计视图中创建查询"选项，打开查询设计视图窗口，并弹出"显示表"对话框。

② 在"显示表"对话框的"表"选项卡中，双击"学生表"和"成绩表"，单击"关闭"按钮。

③ 依次双击"学生表"中的"学号"、"姓名"、"性别"和"成绩表"中的"期中"和"期末"字段，将它们添加到设计网格的"字段"行中，分别在"条件"行和"或"行输入条件"<60"，如图 4-4 所示。

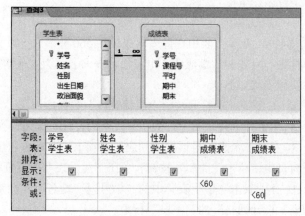

图 4-3　查看运行结果　　　　　图 4-4　查询准则的设置

④ 命名并保存查询。单击"保存"按钮，弹出"另存为"对话框，在此对话框中输入查询名称"期中或期末成绩不及格"，然后单击"确定"按钮，至此，查询建立完毕。

例4-3 用学生表、成绩表和课程表创建查询，计算并显示每个人的综合成绩，综合成绩是平时成绩的 5%，期中成绩的 15%，期末成绩的 80%之和。

实验步骤如下：

① 在设计视图中创建查询，并添加"学生表"、"成绩表"和"课程表"。

② 添加字段。选择"学生表"中的"学号""姓名"，"课程"表中的"课程名"，"成绩"表中的"平时"、"期中"和"期末"等字段。

③ 创建计算字段。选择设计网格中的空白列，并在"字段"行输入下面的内容（见图 4-5）：

综合成绩: [平时]*0.05+[期中]*0.15+[期末]*0.8

④ 保存查询，查询名称为"总成绩表"。

⑤ 显示查询结果，如图 4-6 所示。可见此时增加了"综合成绩"列，其值为平时成绩的 5%+期中成绩的 15%+期末成绩的 80%。

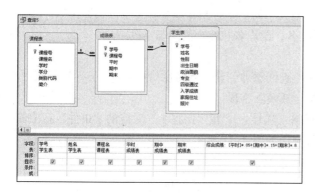

图 4-5　计算字段的编辑图

学号	姓名	课程名	平时	期中	期末	综合成绩
070101	张玉龙	高等数学	85	80	86	85.05
070101	张玉龙	大学英语	75	84	90	88.35
070101	张玉龙	计算机应用基	66	65	75	73.05
070102	刘丽敏	高等数学	72	70	87	83.7
070102	刘丽敏	大学英语	65	70	68	68.15
070102	刘丽敏	体育	77	60	60	60.85
070203	余冠宏	高等数学	88	86	80	81.3
070203	余冠宏	体育	77	70	73	72.75
070204	赵娜	高等数学	65	75	78	76.9
070204	赵娜	大学英语	88	84	80	81
070204	赵娜	计算机应用基	96	90	88	88.7
070301	李羽霏	高等数学	76	78	80	79.5
070301	李羽霏	计算机应用基	85	83	82	82.3
070302	林子聪	高等数学	77	73	70	70.8
070302	林子聪	大学英语	72	70	73	72.5
070302	林子聪	体育	78	70	68	68.8
070401	黄哲峰	高等数学	96	93	90	90.75
070401	黄哲峰	大学英语	77	78	73	73.95
070401	黄哲峰	体育	34	56	30	34.1
070402	杨晨	计算机应用基	69	87	80	80.5
*						

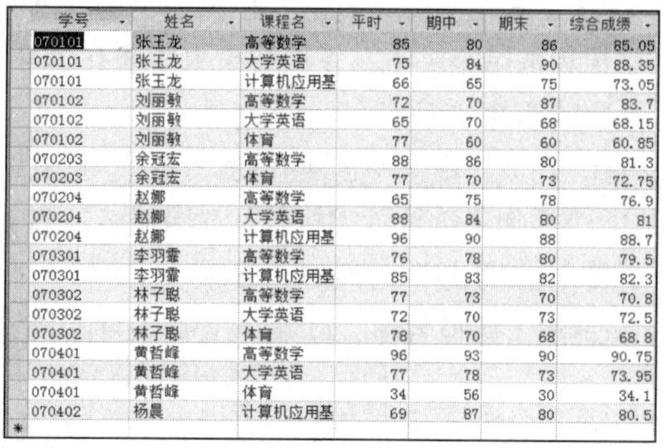

图 4-6　计算字段的显示结果

例 4-4　建立一查询，统计每个专业的人数。

实验步骤如下：

① 在设计视图中创建查询，并添加“学生表”。

② 添加两次“专业”字段。

③ 单击“查询工具/设计”→“显示/隐藏”→“汇总”按钮 Σ，使用两个“专业”字段，一个用来分组记录，另一个用来计数，“总计”行的设置如图 4-7 所示。

④ 运行查询，结果如图 4-8 所示。

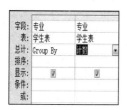

字段:	专业	专业
表:	学生表	学生表
总计:	Group By	计数
排序:		
显示:	☑	☑
条件:		
或:		

图 4-7　分组记录

专业	专业之计数
	0
法学	3
工商	1
会计	2
英语	2

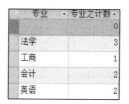

图 4-8　例 4-4 查询结果

例 4-5　从“总成绩表”查询中查找综合成绩最高的前 3 名。

实验步骤如下：

① 在设计视图中创建查询，并添加“总成绩表”查询。

② 添加“学号”、“姓名”和“综合成绩”字段。

③ 设置排序规则。先在设计网格的“综合成绩”列的“排序”行中选择“降序”，要显示最高分的前 3 名，在工具栏中的“上限值”文本框内输入 3，如图 4-9 所示。

④ 保存查询。运行结果如图 4-10 所示。

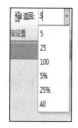

图 4-9　显示“上限值”按钮

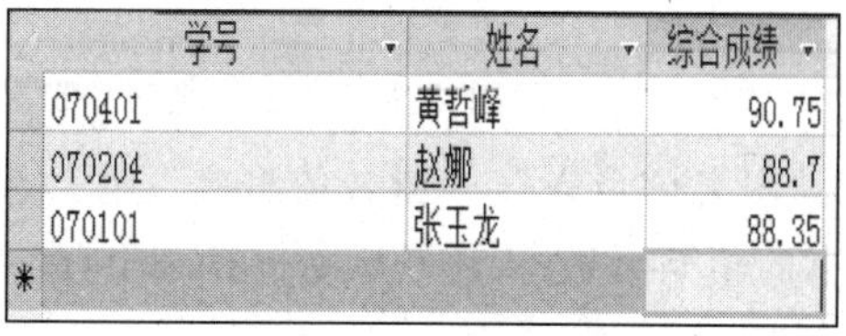

学号	姓名	综合成绩
070401	黄哲峰	90.75
070204	赵娜	88.7
070101	张玉龙	88.35
*		

图 4-10　例 4-5 的查询结果

例 4-6　创建"学生成绩查询",每次运行时输入不同的学号和课程名称,可以查询该学号学生某门课程的综合成绩,查询结果中要求有学号、姓名、课程名和综合成绩等字段。

实验步骤如下:

① 在设计视图中创建查询,并将"总成绩表"查询添加到设计视图窗口中。

② 添加"学号"、"姓名"、"课程名"和"综合成绩"字段。

③ 在"学号"对应的"条件"行中输入:[请输入学号:];在"课程名"对应的"条件"行中输入:[请输入课程名称:]。输入查询条件后的设计视图如图 4-11 所示。

字段:	学号	姓名	课程名	综合成绩
表:	总成绩表	总成绩表	总成绩表	总成绩表
排序:				
显示:	☑	☑	☑	☑
条件:	[请输入学号:]		[请输入课程名:]	

图 4-11　例 4-6 参数设计窗口

④ 保存查询,将其命名为"学生成绩查询"。

⑤ 运行查询,屏幕上显示"输入参数值"第一个对话框,如图 4-12(a)所示。

向文本框中输入学号"070102"之后,单击"确定"按钮,弹出"输入参数值"第二个对话框,如图 4-12(b)所示。向文本框中输入课程名称"大学英语"之后,单击"确定"按钮,就可以看到相应的查询结果,如图 4-13 所示。

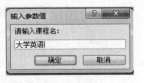

(a)第一个对话框　　　(b)第二个对话框

图 4-12　输入参数的两个对话框　　　　　　图 4-13　查询结果

实验习题

① 以"图书信息表"为数据源,查找图书价格大于 30 元的记录,并显示图书编号、书名、出版社和作者。

② 以"图书信息表"和"图书类别表"为数据源,创建一个计算查询,以统计不同类别图书的数量,运行该查询后,效果如图 4-14 所示。

图书类别	图书编号之计数
基础	5
期刊	1
专业	3

图 4-14　"各类别图书数量统计"查询的运行效果图

③ 以"图书信息表"、"读者信息表"和"借阅信息表"为数据源,利用计算字段,统计读者所借图书的超期天数。(超期天数:Date()-[借书日期]-[借出天数]),运行查询的结果如图 4-15 所示。

读者编号	姓名	图书	书名	超期天数
001	苏冰	0003	Visual FoxPro	3168
002	袁晔	0002	大学计算机基础	3058
003	李立明	0002	大学计算机基础	3000
003	李立明	0001	C语言大学实用教程	2987
004	谢灵	0001	C语言大学实用教程	3150
005	杨雨晴	0004	计算机网络技术	3111
008	赵敬凡	0004	计算机网络技术	2994
009	孙哲	0003	Visual FoxPro	2954
010	周瑞民	0010	Access数据库技术及	3076
*				

图 4-15 "超期天数" 查询的运行结果

④ 以"图书信息表"和"图书类别表"为数据源，创建"按图书类别查询图书"的参数查询。

常见错误

① 多表查询时，表间关联未正确建立。例 4-2 中若"学生表"和"成绩表"未正确建立关联，查询结果如图 4-16 所示。

② 自定义计算查询时，自定义字段后的冒号未在英文状态下输入，导致弹出图 4-17 所示的错误提示。

学号	姓名	性别	期中	期末
070101	张玉龙	男	80	86
070101	张玉龙	男	80	86
070101	张玉龙	男	80	86
070101	张玉龙	男	80	86
070101	张玉龙	男	80	86
070101	张玉龙	男	80	86
070102	刘丽敏	女	80	86
070102	刘丽敏	女	80	86
070102	刘丽敏	女	80	86
070102	刘丽敏	女	80	86
070102	刘丽敏	女	80	86
070203	余冠宏	男	80	86
070203	余冠宏	男	80	86
070203	余冠宏	男	80	86
070203	余冠宏	男	80	86
070203	余冠宏	男	80	86
070203	余冠宏	男	80	86

图 4-16 例 4-2 错误结果

图 4-17 错误提示

实验 五

实验目的

① 掌握创建交叉表查询的方法。
② 掌握备份数据表的方法。
③ 掌握各种类型操作查询的创建方法。

知识要点

1. 交叉表查询

所谓交叉表查询，类似于 Excel 中的数据透视表，就是将来源于某个表中的字段进行分组，一组列在查询表的左侧，一组列在查询表的上部，然后在查询表行与列的交叉处显示表中某个字段的各种计算值，如总和、平均、计数等。因此，在创建交叉表查询时，需要指定设置 3 种字段：

① 放在查询表最左端的分组字段构成行标题。
② 放在查询表最上面的分组字段构成列标题。
③ 放在行与列交叉位置上的字段用于计算。

其中，后两种字段只能有一个，第一种即放在最左端的字段最多可以有 3 个，这样，交叉表查询就可以使用两个以上分组字段进行分组总计。

创建交叉表查询有查询向导和查询设计视图两种方法。

2. 操作查询

操作查询除了从数据源中选择数据外，还可以改变表中的内容，例如，增加数据、删除记录和更新数据等。

操作查询共有 4 种类型：生成表查询、删除查询、更新查询与追加查询。

生成表查询是将查询的结果保存到一个表中，这个表可以是一个新表，也可以是已存在的表，但如果将查询结果保存在已有的表中，则该表中原有的内容将被删除。

删除查询是指删除符合设定条件记录的查询，在数据库的使用过程中，有些数据不再有意义，可以将其删除。删除查询可以对一个或多个表中的一组记录进行批量删除。

维护数据库时，常常需要对符合条件的记录进行统一修改，这些操作可通过更新查询完成。

追加查询是将一个或多个表中符合条件的记录添加到另一个表的末尾。可以使用追加查询从外部数据源中导入数据，然后将它们追加到现有表中，也可以从其他的 Access 数据库或同一数据库的其他表中导入数据。

实验示例

例 5-1　以"学号"、"姓名"和"性别"为行标题，"课程名"为列标题，显示每个学生每门课程的期末成绩。

实验步骤如下：

① 打开"学生成绩管理"数据库。

② 单击"创建"→"查询"→"查询向导"按钮，弹出"新建查询"对话框。

③ 选择"交叉表查询向导"选项，单击"确定"按钮，弹出"交叉表查询向导"对话框之一，如图 5-1 所示。

④ 指定数据源。在图 5-1 中，选择"视图"组中的"查询"单选按钮，然后在查询列表中选择"总成绩表"。然后单击"下一步"按钮，弹出"交叉表查询向导"对话框之二，如图 5-2 所示。

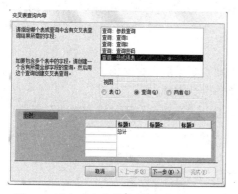

图 5-1　"交叉表查询向导"对话框之一

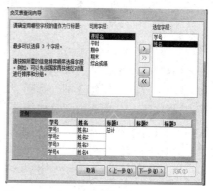

图 5-2　"交叉表查询向导"对话框之二

⑤ 指定行标题。在图 5-2 中，双击"可用字段"列表框中的"学号""姓名"字段，使其成为"选定字段"，以设置这 2 个字段为行标题，然后单击"下一步"按钮，弹出"交叉表查询向导"对话框之三，如图 5-3 所示。

⑥ 指定列标题。在图 5-3 中选择"课程名"作为列标题，然后单击"下一步"按钮，弹出"交叉表查询向导"对话框之四，如图 5-4 所示。

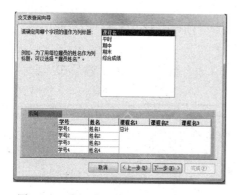

图 5-3　"交叉表查询向导"对话框之三

图 5-4　"交叉表查询向导"对话框之四

⑦ 指定要计算的数据。本题中需要列出每个学生各门功课的期末成绩，因此在图 5-4 中选择"期末"字段，从"函数"列表框中选择"last"，并取消选择"是，包括各行小计"复选框，即仅显示每个学生各门课程的期末成绩。

⑧ 单击"下一步"按钮，在最后一个对话框中输入查询名称"期末成绩交叉表"，然后单击"完成"按钮，建立完毕。查询结果如图 5-5 所示。

学号	姓名	大学英语	高等数学	计算机应用基础	体育
070101	张玉龙	90	86	75	
070102	刘丽敏	68	87		60
070203	余冠宏		80		73
070204	赵娜	80	78	88	
070301	李羽霏		80	82	
070302	林子聪	73	70		68
070401	黄哲峰	73	90		30
070402	杨晨			80	

图 5-5　成绩交叉表查询结果

例 5-2　将"专业"作为行标题，"课程名"作为列标题，分别统计每个专业每门课程的平均综合成绩。

实验步骤如下：

① 在设计视图中打开"总成绩表"查询，添加"专业"字段后保存查询。

② 在设计视图中创建查询，选择"总成绩表"查询作为数据源。

③ 选择字段。分别双击"总成绩表"查询中的"专业"、"课程名"和"综合成绩"字段。

④ 指定计算数据。选择查询类型为"交叉表"命令，这时，在"设计视图"窗口的下半部分自动多了"总计"行和"交叉表"行，如图 5-6 所示。

字段：	专业	课程名	综合成绩
表：	总成绩表	总成绩表	总成绩表
总计：	Group By	Group By	平均值
交叉表：	行标题	列标题	值
排序：			
条件：			
或：			

图 5-6　交叉表参数设计窗口

各项设置如下：

单击"专业"字段的"交叉表"行右侧的下拉按钮，在展开的列表框中选择"行标题"。

在"课程名"字段的"交叉表"行选择"列标题"。

对于要进行计算的字段，先在"综合成绩"字段的"交叉表"行选择"值"，然后在"总计"行中选择"平均值"。

⑤ 保存查询，将其命名为"各专业综合成绩交叉表"。

⑥ 运行查询，显示查询结果如图 5-7 所示。

例 5-3　创建"学生表"的备份。

实验步骤如下：

① 在数据库窗口中单击"学生表"，按【Ctrl+C】组合键。

② 按【Ctrl+V】组合键，弹出"粘贴表方式"对话框，如图 5-8 所示。

专业	大学英语	高等数学	计算机应用	体育
法学	84.675	81.0833333333333	80.875	72.75
工商	68.15	83.7		60.85
会计	73.95	90.75	80.5	34.1
英语	72.5	75.15	82.3	68.8

图 5-7 例 5-2 查询结果

图 5-8 "粘贴表方式"对话框

③ 在对话框中输入新表名"学生备份表"。

④ 选择"结构和数据"单选按钮，然后单击"确定"按钮将新表添加到数据库窗口中。

例 5-4 创建生成表查询，将学生表中入学成绩高于 560 分的记录保存到新表中，要求显示学号、姓名、性别、专业和入学成绩 5 个字段。

实验步骤如下：

① 在设计视图中创建查询，选择"学生表"作为数据源。

② 选择字段。分别双击"学生表"查询中的"学号"、"姓名"、"性别"、"专业"和"入学成绩"字段。

③ 设置条件。查询准则设置如图 5-9 所示。

字段：	学号	姓名	性别	专业	入学成绩
表：	学生表	学生表	学生表	学生表	学生表
排序：					
显示：	✓	✓	✓	✓	✓
条件：					>560
或：					

图 5-9 生成表查询设计窗口

④ 选择查询类型为"生成表"命令，弹出"生成表"对话框，如图 5-10 所示。在"表名称"文本框中输入新表名"入学成绩高于 560"，然后单击"确定"按钮，返回查询设计窗口。

图 5-10 "生成表"对话框

⑤ 保存查询为"入学成绩高于 560"，查询建立完毕。

⑥ 在数据表视图中预览查询结果，如图 5-11 所示。

⑦ 运行查询。在设计视图中，单击"运行"按钮，弹出生成表提示对话框，如图 5-12 所示。

单击"是"按钮，确认生成表操作。在数据库窗口中选择"表"对象，可以看到多了一个名为"入学成绩高于 560"的表。

学号	姓名	性别	专业	入学成绩
070102	刘丽敏	女	工商	594
070203	余冠宏	男	法学	591
070204	赵娜	女	法学	587
070301	李羽霏	女	英语	580
070302	林子聪	男	英语	567
070401	黄哲峰	男	会计	566
*		男		0

图 5-11 查询预览结果

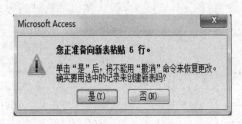

图 5-12 生成表提示对话框

例 5-5 创建删除查询，删除"学生备份表"中党员的记录。

实验步骤如下：

① 在设计视图中创建查询，选择"学生备份表"作为数据源。

② 选择字段。分别双击"学生备份表"中的"学号"、"姓名"和"政治面貌"字段。

③ 设置条件。在"政治面貌"字段的条件行输入"党员"。

④ 选择查询类型为"删除"命令，在"设计视图"窗口的下半部分多了一行"删除"并取代了原来的"显示"和"排序"行，如图 5-13 所示。

字段：	学号	姓名	政治面貌
表：	学生备份表	学生备份表	学生备份表
删除：	Where	Where	Where
条件：			"党员"
或：			

图 5-13 创建删除查询

⑤ 保存查询为"删除党员记录"，查询建立完毕。

⑥ 在数据表视图中预览查询结果，如图 5-14 所示。

⑦ 运行查询。在设计视图中，单击工具栏中的"运行"按钮 ，弹出删除提示对话框，如图 5-15 所示。

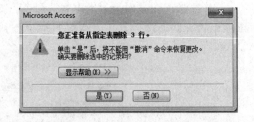

学号	姓名	政治面貌
070101	张玉龙	党员
070301	李羽霏	党员
070402	杨晨	党员

图 5-14 查询预览结果

图 5-15 删除提示对话框

单击"是"按钮，执行删除查询。在数据库窗口中单击"表"对象，打开"学生备份表"，可以看到执行了删除查询操作后，数据表中没有了党员的记录。

例 5-6 创建更新查询，将"学生备份表"中专业为"法学"的字段更新为"法律"。

实验步骤如下：

① 在设计视图中创建查询，添加"学生备份表"作为数据源。

② 选择字段。分别双击"学号"、"姓名"和"专业"字段。

③ 设置条件。在"专业"字段的条件行输入"法学"。

④ 选择查询类型为"更新"命令，在"设计视图"窗口的下半部分多了一行"更新到"，并取代了原来的"显示"和"排序"行。在要更新字段的"更新到"单元格中输入用来更改这个字段的表达式或数值，如图 5-16 所示。

字段:	学号	姓名	专业
表:	学生备份表	学生备份表	学生备份表
更新到:			"法律"
条件:			"法学"
或:			

图 5-16　创建更新查询

⑤ 保存查询为"更改专业"，查询建立完毕。

⑥ 若要查看将要更新的记录列表，可在数据表视图中预览查询结果，此列表并不显示新值。

⑦ 运行查询，弹出更新提示对话框，单击"是"按钮更新数据。打开"学生备份表"，可以看出数据已被更新。

例5-7　将学生表中的女生记录追加到一个结构类似、内容为空的女生表中。

实验步骤如下：

① 创建学生表结构的副本（由于只需要复制表的结构，不需要复制数据，所以在"粘贴选项"中选择"只粘贴结构"单选按钮），将副本命名为"女生信息"。

② 在设计视图中创建查询，添加"学生表"作为数据源。

③ 选择字段。分别双击"学生表"中的星号和"性别"字段。

④ 设置条件。在"性别"字段的条件行输入"女"。

⑤ 选择查询类型为"追加"命令，弹出"追加"对话框，如图 5-17 所示。

在对话框中，单击"表名称"右侧的下拉按钮，在展开的列表框中选择"女生信息"表，然后单击"确定"按钮。

⑥ 保存查询为"追加女生信息"，查询建立完毕。

⑦ 在数据表视图中预览查询结果，如图 5-18 所示。

图 5-17　"追加"对话框

学号	姓名	学生表.性...	出生日期	政治面貌	专业	四级	入学成绩	家庭住址	照片
070102	刘丽敏	女	1991年10月6日	团员	工商	☑	594	重庆万州	Bitmap Image
070204	赵娜	女	1992年1月16日	团员	法学	☑	587	贵州遵义	Bitmap Image
070301	李羽霏	女	1990年3月15日	党员	英语	☐	580	四川成都	Bitmap Image
070402	杨晨	女	1991年1月17日	党员	会计	☐	536	河南开封	Bitmap Image

图 5-18　追加查询的预览结果

⑧ 运行查询，弹出追加提示对话框，单击"是"按钮追加数据。打开"女生信息"表，可以看出图 5-18 中的 4 条记录被添加到了该表中。

实验习题

① 以"图书信息表"为数据源，以"出版社"字段为行标题，以"类别代码"字段为列标题，对"图书编号"字段进行数值统计，使用交叉表查询向导创建一个交叉表查询。该查询的运行结果如图 5-19 所示。

出版社	001	002	003
电子工业出版社	1		
高等教育出版社	1	1	
计算机应用与软件出版社			1
科学出版社	3		
清华大学出版社		1	
中国铁道出版社		1	

图 5-19　交叉表查询结果

② 使用设计视图创建"借阅记录_交叉表"查询。该查询的运行结果如图 5-20 所示。

姓名	工作单位	联系电话	Access数据	C语言大学实	Visual F.	大学计算	计算机网络书
李立明	管理学院	68893223		2012/3/29		2012/3/16	
苏冰	管理学院	68893221			2011/9/30		
孙哲	计算机学院	68893229			2012/5/1		
谢灵	城建学院	68893224		2011/10/18			
杨雨晴	计算机学院	68893225					2011/12/26
袁晔	文法学院	68893222			2012/1/18		
赵敦凡	计算机学院	68893228					2012/4/21
周瑞民	城建学院	68893223	2011/12/31				

图 5-20　借阅记录_交叉表查询结果

③ 创建"图书信息表"的备份。

④ 以"图书信息表"为数据源，创建更新查询。将"图书信息备份表"中出版社为"中国铁道出版社"的记录改为"铁道出版社"。

⑤ 创建带参数的更新查询。根据用户输入的图书类别来对"图书类别备份表"中借出天数进行调整。

⑥ 以"图书信息表"为数据源，创建追加查询。将"图书信息表"中未被借出的图书记录追加到一个结构类似内容为空的"未借出图书"表中。

⑦ 创建删除查询，删除"图书类别表"中类别代码为"001"的记录。

常见错误

① 交叉表查询中，列标题和交叉的值只能有 1 个，行标题字段最多可以有 3 个。

② 更新查询时，如果在原字段基础上增加或减少值时，查询不能反复运行，否则造成更新多次。

③ 例 5-7 错误提示 1，如图 5-21 所示。

错误原因："追加到"行"性别"字段出现了两次，也就是说"性别"字段被重复追加到目标表中。

④ 例 5-7 错误提示 2，如图 5-22 所示。

图 5-21　例 5-7 错误提示 1

图 5-22　例 5-7 错误提示 2

错误原因：再次运行了追加查询。

实验 六

实验目的

① 掌握应用 CREATE TABLE 语句定义表的基本方法。

② 掌握应用 ALTER TABLE 语句修改表结构的基本方法。

③ 掌握应用 DROP TABLE 语句删除表的基本方法。

④ 掌握应用 INSERT、DELETE、UPDATE 等语句进行记录的插入、删除和更新的基本方法。

⑤ 熟练掌握 SQL 数据查询语句 SELECT 的基本结构。

⑥ 掌握 SELECT 语句中特殊运算符及聚合函数的使用。

⑦ 掌握 SELECT 语句中对数据进行分组和排序的方法。

⑧ 掌握多个表的连接查询。

⑨ 掌握 SELECT 语句的嵌套查询。

知识要点

1. SQL 定义表结构

```
CREATE TABLE <表名>
(<字段名 1> <类型名> [(长度)] [PRIMARY KEY ] [NOT NULL]
[,<字段名 2> <类型名>[(长度)] [NOT NULL]]…)
```

2. SQL 删除表

```
DROP TABLE <表名>
```

3. SQL 修改表的结构

```
ALTER TABLE <表名>
[ADD <新字段名 1> <类型名>[(长度)] [,<新字段名 2> <类型名>[(长度)]…]]
[DROP <字段名 1> [,<字段名 2>…]
[ALTER <字段名 1> <类型名>[(长度)] [,<字段名 2> <类型名>[(长度)]…]]
```

4. SQL 插入数据

```
INSERT INTO <表名>
[(<字段名清单>)] VALUES(<表达式清单>)
```

5. SQL 更新数据

UPDATE <表名>

SET <字段名 1>=<表达式 1> [,<字段名 2>=<表达式 2>…]

[WHERE <条件>]

6. SQL 删除数据

DELETE　FROM <表名> [WHERE <条件>]

7. SQL 数据查询

SELECT [ALL|DISTINCT|TOP n [PERCENT]] <字段名>|<字段表达式>|<函数>[,…]

　　FROM <数据源表或查询>

　　　　[WHERE<筛选条件>]

　　　　[GROUP BY <分组字段表> [HAVING <过滤条件>]

　　　　[ORDER BY <排序关键字 1> [ASC ｜ DESC][, <排序关键字 2>[ASC ｜ DESC]…]]

实验示例

例 6-1　在职工管理数据库中建立一个数据表"职工",表结构由职工号、姓名、性别、职称、部门、出生日期、婚否等字段组成,并设置"职工号"为主键。

实验步骤如下:

① 创建"职工管理"数据库。

② 在"职工管理"数据库窗口中选择"创建"选项卡。

③ 单击设计视图中"查询设计"按钮,关闭弹出的"显示表"对话框,打开查询设计视图窗口。

④ 单击"数据定义"按钮,打开"数据定义查询"窗口。

⑤ 在"数据定义"窗口中输入 SQL 语句,每个数据定义查询只能包含一条数据定义语句,如图 6-1 所示。

⑥ 保存查询为"数据表定义查询(职工)",查询建立完毕。

⑦ 运行查询。在设计视图中,单击"运行"按钮，执行 SQL 语句,完成创建表的操作。

⑧ 在数据库窗口中选择"表"对象,可以看到在"表"列表框中多了一个"职工"表,这就是用 SQL 的定义查询创建的表。

在设计视图窗口中打开职工表,显示的表结构如图 6-2 所示。

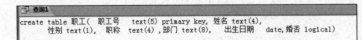

图 6-1　SQL 查询窗口	图 6-2　用 SQL 语句定义的表结构

例 6-2　在"职工管理"数据库中建立一个数据表"工资",并通过"职工号"字段建立与"职工"表的关系。

实验步骤与例 6-1 相同，其中 SQL 语句如下：

```
CREATE TABLE 工资(职工号 TEXT(5) PRIMARY KEY REFERENCES 职工,
        工资 Single,津贴 Single, 所得税 Single, 公积金 Single,
        水电费 Single,应扣 Single, 实发 Single)
```

其中的"REFERENCES 职工"表示与"职工"表建立关系。

选择"数据库工具"→"关系"→"关系"按钮，打开"关系"窗口，如图 6-3 所示。

从图 6-3 中可以看到两个表的结构及表之间已经建立的关系。

图 6-3　职工表与工资表

例6-3　删除"学生成绩管理"数据库中的学生备份表。

实验步骤如下：

① 打开"学生成绩管理"数据库，打开"数据定义查询"窗口。

② 在"数据定义查询"窗口中，输入删除表的 SQL 语句：

```
DROP TABLE 学生备份表
```

③ 单击"运行"按钮 ，执行 SQL 语句，完成删除表操作，"学生备份表"就从"学生成绩管理"数据库窗口中消失。

例6-4　为职工表增加一个"通信地址"字段。

实验步骤如下：

① 在"职工管理"数据库窗口中选择"查询工具"选项卡。

② 双击"在设计视图中创建查询"按钮，关闭弹出的"显示表"对话框，打开查询设计视图窗口。

③ 选择"查询"→"SQL 特定查询"→"数据定义"命令，打开"数据定义查询"窗口。

④ 在"数据定义查询"窗口中输入修改表结构的 SQL 语句：

```
ALTER TABLE 职工 ADD 通信地址 Text(20)
```

⑤ 单击"运行"按钮 ，执行 SQL 语句，完成修改结构的操作。

例6-5　将职工表的"姓名"字段的宽度由原来的 6 改为 8，SQL 语句如下：

```
ALTER TABLE 职工 ALTER 姓名 Text(8)
```

例6-6　删除职工表"通信地址"字段，SQL 语句如下：

```
ALTER TABLE 职工 DROP 通信地址
```

例6-7　在职工表尾部添加一条新记录。

实验步骤如下：

① 在"职工管理"数据库窗口中打开"数据定义查询"窗口。

② 在"数据定义查询"窗口中输入插入数据的 SQL 语句：

```
INSERT INTO 职工(职工号,姓名,性别,职称,部门,出生日期,婚否)
        VALUES("00001","王天","男","副教授","外语",#1978-05-08#,yes)
```

③ 单击"运行"按钮 ，执行 SQL 语句，完成插入数据的操作。

例6-8 在职工表尾部插入第二条记录，SQL 语句如下：

INSERT INTO 职工 VALUES("00002","张争","女","教授","医学",#1952-09-09#,no)

在"数据表视图"中打开职工表，显示结果如图 6-4 所示。

职工						
职工号	姓名	性别	职称	部门	出生日期	婚否
00001	王天	男	副教授	外语	1978/5/8	-1
00002	张争	女	教授	医学	1952/9/9	0

图 6-4 用 SQL 语句添加的职工表记录

例6-9 将职工表中部门是"外语"的部门更新为"外语学院"。

① 在"职工管理"数据库窗口中打开"数据定义查询"窗口。

② 在"数据定义查询"窗口中输入更新数据的 SQL 语句：

UPDATE 职工 SET 部门="外语学院" WHERE 部门="外语"

③ 单击"运行"按钮 ⚡，执行 SQL 语句，完成更新数据的操作。

例6-10 将职工表中性别为"女"的记录删除。

① 在"职工管理"数据库窗口中打开"数据定义查询"窗口。

② 在"数据定义查询"窗口中输入删除数据的 SQL 语句：

DELETE FROM 职工 WHERE 性别="女"

③ 单击"运行"按钮 ⚡，执行 SQL 语句，完成删除数据的操作。

例6-11 按要求进行查询。对下面的 SELECT 语句填空，并上机操作验证。

（1）简单查询

① 查询学生表中所有已通过四级的女生记录。

SELECT *
　　FROM 学生表
　　WHERE _____

② 查询学生表中所有学生的姓名和截至统计时的年龄，去掉重名。

SELECT _____ 姓名, _____ AS 年龄
　　FROM 学生表

（2）带特殊运算符的条件查询

① 查询学生表中入学成绩在 560~570 分之间的学号、姓名、入学成绩。

SELECT 学号, 姓名, 入学成绩
　　FROM 学生表
　　WHERE 入学成绩 _____

② 查询学生表中学号为 070101 和 070402 的记录。

SELECT *
　　FROM 学生表
WHERE 学号 _____ ("070101", "070402")

③ 查询学生表中姓"李"的学生的记录。

SELECT *

```
    FROM 学生表
      WHERE 姓名 _____"李*  "
```
（3）计算查询
① 在学生表中统计学生人数。
```
SELECT _____AS 学生人数
    FROM 学生表
```
② 查询学生表中女生入学成绩字段的平均值、最大值和最小值。
```
SELECT "女" AS 性别,_____AS 入学平均分,
      _____AS 入学最高分,_____AS 入学最低分
          FROM 学生
    WHERE
```
（4）分组与计算查询
① 分别统计男、女学生人数和入学成绩的最高分及平均分。
```
SELECT 性别, _____AS 人数,
AS 入学最高分, _____AS 入学平均分
        FROM 学生表  GROUP BY _____
```
② 在成绩表中统计有6个以上学生选修的课程。
```
SELECT 课程号, _____ AS 选课人数
    FROM 成绩表   GROUP BY 课程号_____
```
③ 对1988年以后出生的学生分别按专业统计入学成绩,并输出入学平均成绩在560分以上的组。
```
SELECT 专业, _____AS 入学平均分
    FROM 学生表
    WHERE 出生日期_____
    GROUP BY 专业_____
```
（5）排序
① 在学生表中查询入学成绩在前4名的学生信息。
```
SELECT
    FROM 学生表
```
② 显示年龄最小的20%的学生的信息。
```
SELECT
    FROM 学生表
ORDER BY 出生日期
```
（6）连接查询
在职工管理数据库中查询高级职称（教授或副教授）教师的姓名、基本工资、津贴和所得税。
```
SELECT 姓名, 工资, 津贴, 所得税
        FROM 职工 INNER JOIN 工资 ON _____
        WHERE 职称 IN("教授","副教授")
```

（7）嵌套查询

① 查询所有参加"计算机"课程考试的学生的学号。

SELECT 学号

　　FROM 成绩表

WHERE 课程号＿＿＿＿＿（ SELECT 课程号

　　　FROM 课程

　　　WHERE 课程名＝ "计算机")

② 检索所有入学成绩高于"林子聪"的入学成绩学生的学号、姓名、性别和入学成绩。

SELECT 姓名，性别，入学成绩

　　FROM 学生表

　　WHERE ＿＿＿＿＿

　　（ SELECT 入学成绩

　　　　FROM 学生表

　　　　WHERE ＿＿＿＿＿）

③ 查询所有参加"计算机"课程考试的学生的学号、姓名和性别。

SELECT 学号，姓名，性别

　　FROM 学生表

　　WHERE 学号＿＿＿＿＿

　　（ SELECT 学号

　　　　　FROM 成绩

　　　　　WHERE 课程号＿＿＿＿＿

　　　　　（ SELECT 课程号

　　　　　　　FROM 课程

　　　　　　　WHERE 课程名＝ "计算机"))

④ 查询入学成绩高于男生最低入学成绩的男生的学号、姓名和入学成绩。

SELECT 学号，姓名，性别，入学成绩

　　FROM 学生表

　　WHERE 性别="男"AND 入学成绩＿＿＿＿＿

　　　（ SELECT 入学成绩

　　　　　FROM 学生表

　　　　　WHERE ＿＿＿＿＿）

实验习题

① 在"图书查询管理系统"中创建一个"热点图书表"，表结构与"图书信息表"相同（参见实验二中的图 2-13）。

② 在"图书查询管理系统"中创建一个"热点图书借阅表"，表结构与"借阅信息表"相同（参见实验二中的图 2-14）。

③ 修改"热点图书借阅表"的结构，增加一个"借阅编号"字段。

④ 删除实验五中建立的"图书信息备份表"。

⑤ 为"热点图书表"和"热点图书借阅表"添加新记录。

⑥ 更新"热点图书表"的数据。

⑦ 删除"热点图书借阅表"的有关数据。

常见错误

① 常见错误提示 1，如图 6-5 所示。

图 6-5　常见错误提示 1

错误原因：输入的 SQL 命令有错误。

② 常见错误提示 2，如图 6-6 所示。

错误原因：CREATE TABLE 命令中字段类型输入有错，或者字段名称和字段类型之间没有空格。

③ 常见错误提示 3，如图 6-7 所示。

图 6-6　常见错误提示 2

图 6-7　常见错误提示 3

错误原因：CREATE TABLE 命令已正确运行过一次，重复运行命令造成错误。

④ 常见错误提示 4，如图 6-8 所示。

错误原因：在职工表中有 7 个字段，使用 INSERT INTO 追加数据时，字段值（VALUES 后面的值）的数目比 7 多或比 7 少。

⑤ 常见错误提示 5，如图 6-9 所示。

图 6-8　常见错误提示 4

图 6-9　常见错误提示 5

正确命令：

SELECT * ROM 学生表 WHERE 性别="女"

错误原因：性别="女"输入成性别="女"，双引号未在英文输入法的状态下输入。

实验 七

实验目的

① 利用自动创建窗体快速生成各种形式的窗体。
② 掌握窗体向导的使用。
③ 利用数据透视表向导创建数据透视表窗体。
④ 利用窗体向导创建主/子窗体。

知识要点

1. 窗体的作用

窗体的作用有：显示和编辑数据、显示信息（提示、警告、错误信息）、控制应用程序的流程、打印数据。

2. 窗体的组成和结构

① 数据来源：表、查询、SQL 语句。

② 节：窗体由多个部分组成，每个部分称为一个"节"，包括窗体页眉、页面页眉、主体、页面页脚、窗体页脚。

3. 窗体的类型

Access 提供了 7 种类型的窗体，分别是纵栏式窗体、表格式窗体、数据表窗体、主/子窗体、图表窗体、数据透视表窗体和数据透视图窗体。

纵栏式窗体：将窗体中的一个显示记录按列分隔，每列的左边显示字段名，右边显示字段内容。

表格式窗体：通常，一个窗体在同一时刻只能显示一条记录的信息。如果一条记录的内容比较少，单独占用一个窗体的空间，就显得浪费。这时，可以建立一种表格式窗体，即在一个窗体中显示多条记录的内容。

数据表窗体：从外观上看与数据表和查询显示数据的界面相同，它的主要作用是作为一个窗体的子窗体。

主/子窗体：窗体中的窗体称为子窗体，包含子窗体的基本窗体称为主窗体。主窗体和子窗体通常用于显示多个表或查询中的数据，这些表或查询中的数据具有一对多关系。

图表窗体：利用 Microsoft Graph 以图表方式显示用户的数据。

数据透视表窗体：Access 为了以指定的数据表或查询为数据源产生一个 Excel 的分析表而建立的

一种窗体形式。

数据透视图窗体：用于显示数据表和查询中数据的图形分析窗体。

4．窗体视图

窗体有 6 种视图：设计视图、窗体视图、数据表视图、布局视图、数据透视表视图、数据透视图视图。

5．创建窗体

① 自动创建窗体。

② 使用向导创建窗体。

③ 使用设计视图创建窗体。

实验示例

例7-1 利用"自动创建窗体"在"学生成绩管理"数据库中创建"学生信息_纵栏式"窗体。

利用"自动创建窗体"创建纵栏式窗体，数据源为"学生表"，窗体名为"学生表"。实验步骤如下：

① 打开"学生成绩管理"数据库，在导航窗格中选中"表"→"学生表"。

② 单击"创建"→"窗体"→"窗体"按钮，如图 7-1 所示。

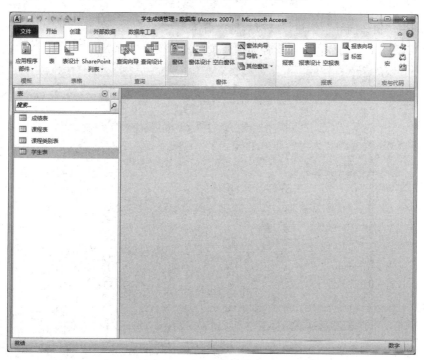

图 7-1 "窗体"按钮

③ 系统打开新建的窗体，如图 7-2 所示。

④ 命名并保存窗体。单击"保存"按钮，弹出"另存为"对话框，在其中输入窗体的名称"学生信息_纵栏式"，然后单击"确定"按钮，该窗体建立完毕。

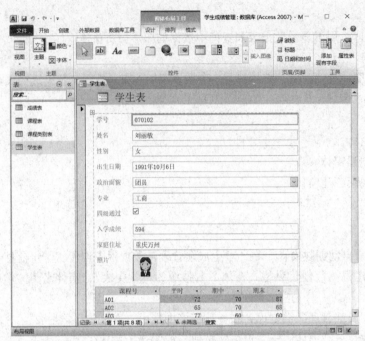

图 7-2 "学生表" 纵栏式窗体

例 7-2　利用"窗体向导"创建"成绩信息"窗体。

① 单击"创建"→"窗体"→"窗体向导"按钮，如图 7-3 所示。

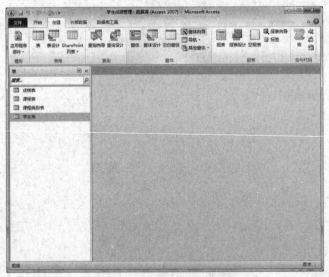

图 7-3 "窗体向导"按钮

② 弹出"窗体向导"对话框之一，在"表/查询"下拉列表框中选择"成绩表"，并选择所有 5 个字段，如图 7-4 所示。

③ 单击"下一步"按钮，弹出"窗体向导"对话框之二，确定窗体使用的布局。如图 7-5 所示，选择默认的"纵栏表"单选按钮。

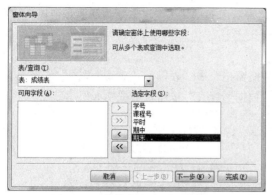

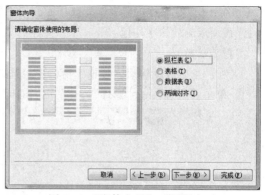

图 7-4 "窗体向导"对话框之一   图 7-5 "窗体向导"对话框之二

④ 单击"下一步"按钮,弹出"窗体向导"对话框之三,指定标题,输入标题为"成绩信息",如图 7-6 所示。

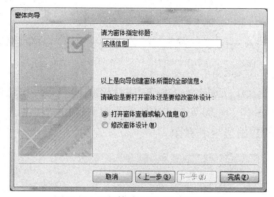

图 7-6 "窗体向导"对话框之三

⑤ 单击"完成"按钮,结果如图 7-7 所示。

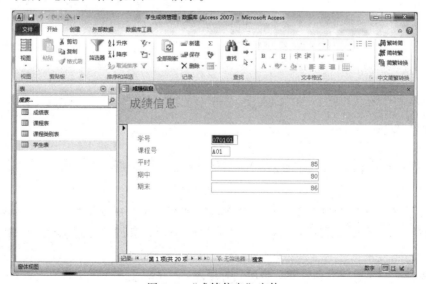

图 7-7 "成绩信息"窗体

例7-3 以"课程信息表"为数据源，使用数据透视表向导创建一个"数据透视表"窗体，计算每门课程期末成绩的平均值。

实验步骤如下：

① 在"学生成绩管理"数据库窗口中，选择"导航窗格"中"表"→"成绩表"。

② 单击"创建"→"窗体"→"其他窗体"→"数据透视表"按钮，如图 7-8 所示。

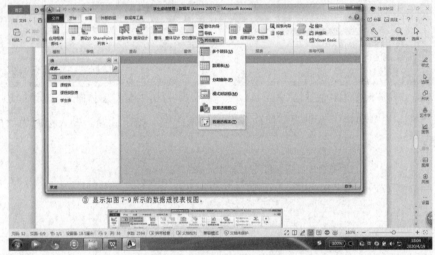

图 7-8 "数据透视表"按钮

③ 显示如图 7-9 所示的数据透视表视图。

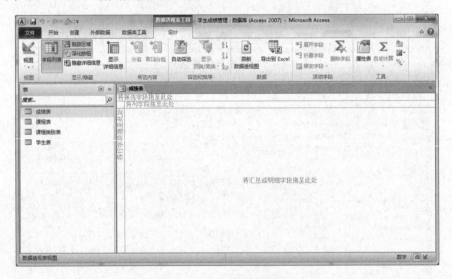

图 7-9 数据透视表视图

④ 单击"设计"→"显示/隐藏"→"字段列表"按钮，显示字段列表，将字段列表框中的"姓名"字段拖动到"行"区域，"课程名"字段拖动到"列"区域，"期末"字段拖动到明细区域，结果如图 7-10 所示。

⑤ 命名窗体。单击"保存"按钮，弹出"另存为"对话框，输入窗体名称"期末成绩数据透视表"，再单击"确定"按钮，至此，数据透视表窗体创建完毕。

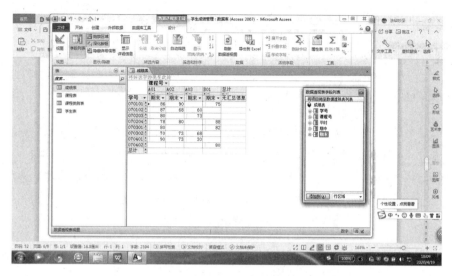

图 7-10 成绩数据透视表

注意：如果分析的数据在不同的表中，需要先建立一个查询将相关字段集中在一起，然后在"导航窗格"中选择"查询"→"新建的查询"作为数据源，后面操作与前面相同。

例7-4 使用窗体向导创建主/子窗体，用于浏览与编辑学生的所有成绩记录。

实验步骤如下：

① 打开"学生成绩管理"数据库。

② 选择"创建"→"窗体"→"窗体向导"按钮，弹出图 7-11 所示的"窗体向导"对话框之一。

③ 单击"表/查询"下拉列表框右侧的下拉按钮，在展开的列表框中选择"表：学生表"。在"可用字段"列表框中双击"学号"、"姓名"和"专业"字段，将其添加到右侧的"选定的字段"列表框中。

④ 再按相同的方法，分别将"课程表"中的"课程名"和"成绩表"中的"平时"、"期中"和"期末"字段也添加到右侧的列表框中，如图 7-12 所示。然后单击"下一步"按钮，弹出图 7-13 所示的"窗体向导"对话框之三。

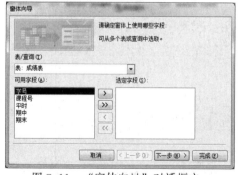

图 7-11 "窗体向导"对话框之一

图 7-12 "窗体向导"对话框之二

⑤ 在图 7-13 所示的对话框中，系统已默认选定"学生表"为主表，其他表中的记录为子窗体的值。在对话框下方有两个单选按钮，如果选择"带有子窗体的窗体"单选按钮，则子窗体固定在主窗体中；如果选择"链接窗体"单选按钮，则将子窗体设置成弹出式窗体。这里保持默认值"带有子窗体的窗体"。然后单击"下一步"按钮，弹出图 7-14 所示的"窗体向导"对话框之四。

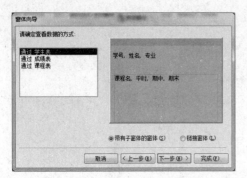

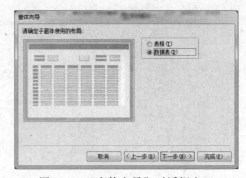

图 7-13 "窗体向导"对话框之三   图 7-14 "窗体向导"对话框之四

⑥ 单击"下一步"按钮，弹出图 7-15 所示的"窗体向导"对话框之五。

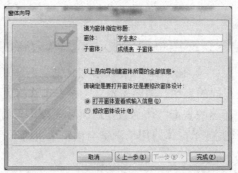

图 7-15 "窗体向导"对话框之五

⑦ 设定窗体和子窗体的标题分别是"学生表"和"成绩表子窗体"，并选中"打开窗体查看或输入信息"单选按钮。

⑧ 单击"完成"按钮，打开图 7-16 所示的纵栏式窗体。

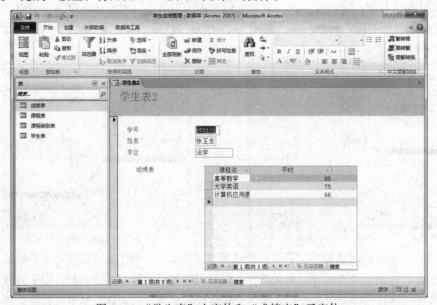

图 7-16 "学生表"主窗体和"成绩表"子窗体

实验习题

① 以"读者信息"表为数据源，分别利用"自动创建窗体"和"窗体向导"创建"读者"窗体。

② 利用"自动窗体：数据透视表"创建一个名为"借阅信息"的主/子窗体，用于浏览每个读者的所有借阅记录。

常见错误

① 窗体结构中只有主体节是默认的。

② 主窗体只能显示为纵栏式窗体，而子窗体可以显示为数据表窗体和表格式窗体。

③ 窗体"滚动条"属性有"两者均无"、"只水平"、"只垂直"和"两者都有"。

④ 在创建主/子窗体之前，必须设置数据源之间的关系。

实验 八

实验目的

① 向窗体中添加标签和文本框控件。
② 使用组合框向导向窗体中添加组合框控件。
③ 使用列表框向导向窗体中添加列表框控件。
④ 使用命令按钮向导向窗体中添加命令按钮控件。
⑤ 熟悉有关窗体属性和控件属性的设置方法。
⑥ 掌握多选项卡窗体的创建。

知识要点

1. 窗体控件

控件的类型可以分为：绑定型、非绑定型与计算型。绑定型控件主要用于显示、输入、更新数据库中的字段；非绑定型控件没有数据来源，可以用来显示信息、线条、矩形或图像；计算型控件用表达式作为数据源，表达式可以利用窗体或报表所引用的表或查询字段中的数据，也可以是窗体或报表上的其他控件中的数据。

2. 控件属性

常见的控件属性：标题、名称、前景色、可见性、是否有效、Tab 索引。

3. 事件和属性

属性是对象的特征，事件是作用在对象上的动作。常用事件：按钮的单击事件 Click。常见的窗体属性：标题、浏览按钮、滚动条、分隔线、最大化最小化按钮、关闭按钮、边框样式、数据源。

4. 常用控件

（1）文本框和标签

标签是一个非绑定型控件，其主要作用是在窗体或报表上显示静态文本，如标题、简短说明等，不能在窗体运行时编辑标签框里面的内容。标签可以独立存在，也能够依附于另一个控件上。比如新建一个文本框时，它会自动产生一个依附的标签，用以显示此文本框的标题。如果使用工具箱来建立标签，此标签将独立存在。

文本框控件在 Access 窗体中应用频率最高，主要用来显示与编辑字段中的数据，这时文本框为绑定控件；文本框也可以是非绑定型的，比如使用非绑定型文本框让用户输入所要查找的数据，或者让用户在非绑定型文本框中输入密码，或者使用非绑定型文本框来显示计算的结果等。

（2）复选框、切换按钮和选项按钮

复选框、切换按钮和选项按钮都有非绑定型和绑定型两种。选项按钮和复选框有选定和未被选定两种状态，而切换按钮则有按下和未被按下两种状态。绑定型控件用于与数据源中"是/否"数据类型的字段相结合。

事实上，在 Access 中，这 3 个控件除了在外观上不一样外，使用上基本没有区别，并且 Access 允许将已经创建的复选框、切换按钮和选项按钮转换为其他两种类型，转换方法是选择控件并右击，在弹出的快捷菜单中选择"更改为"命令，然后选择转换后的类型即可。

（3）命令按钮

命令按钮通常用来执行操作。当用户单击命令按钮时，便会引发这个按钮的 Click 事件，系统会自动执行 Click 事件程序。如果已经将程序代码编写在该按钮的 Click 事件程序中，相应的程序代码会被执行，相应的操作也将自动进行。Access 提供了一个能够建立 30 种不同类型命令按钮的向导，并由向导自动编写合适的事件程序，所以一般功能性的命令按钮可以通过向导来建立。

（4）列表框和组合框

列表框或组合框控件在使用上很多地方都非常类似，但又有所不同，列表框提供一个列表，用户可以从列表中选择一项或多项，而组合框则由一个文本框和一个列表框组合而成，用户既可以从列表框中选择一项，又可以在文本框中输入数据。它们之间的第二个区别在于：列表框的列表处于展开状态，因此需要更多的窗体空间，而组合框的列表则处于折叠状态，只有用户单击了组合框的下拉按钮才会展开，并且用户选择后又自动折叠，因而节省窗体空间。

（5）选项组

选项组控件一般都包含一组选项按钮、切换按钮或者复选框控件，只能从中选取一个并且必须选取一个。

（6）选项卡

当窗体中的内容较多无法在一页全部显示时，可以使用选项卡进行分页，操作时只需单击选项卡上的标签，就可以在多个页面间切换。选项卡控件主要用于将多个不同格式的数据操作窗体封装在一个选项卡中，或者说，它能够使一个选项卡包含多页数据操作窗体的窗体，而且在每页窗体中又可以包含若干个控件。

实验示例

例8-1　向窗体中添加标签和文本框控件。以"学生表"为数据源创建窗体，要求窗体中包含"学号"、"姓名"、"入学成绩"和"出生日期"4 个字段。

实验步骤如下：

① 打开"学生成绩管理"数据库，单击"创建"→"窗体"→"窗体设计"按钮，进入"窗体1"设计视图，如图 8-1 所示。

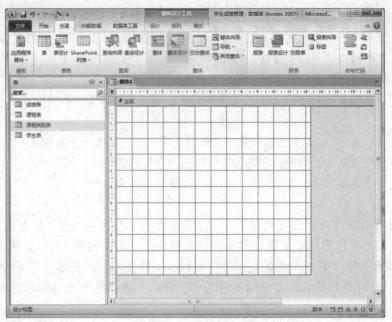

图 8-1　窗体设计视图

② 双击窗体空白处，打开"属性表"任务窗格，"属性表"任务窗格的最上面"对象浏览器"的下拉列表里选择"窗体"对象，选择"数据"选项卡，在"记录源"属性中选择"学生表"作为记录来源，如图 8-2 所示。

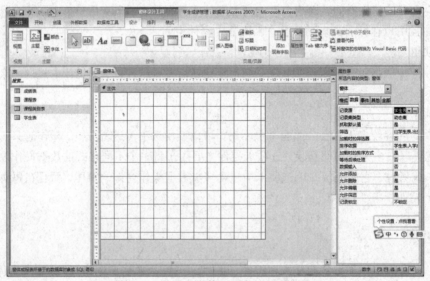

图 8-2　设置"窗体"对象"记录源"

③ 单击"设计"→"工具"→"添加现有字段"按钮，显示"字段列表"，将"学生表"字段列表中的"学号"、"姓名"、"入学成绩"和"出生日期"等字段依次拖动到窗体内适当的位置上，如图 8-3 所示。

④ 保存窗体，将其命名为"浏览学生信息"。

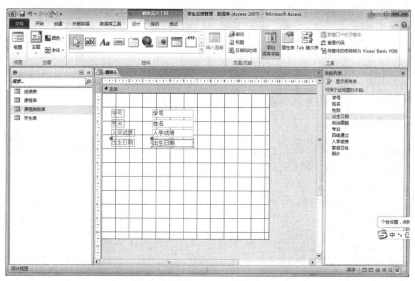

图 8-3　添加表中字段，4 个"文本框"

例8-2　添加标签控件。为以上窗体添加标题"浏览学生信息"。

实验步骤如下：

① 在窗体设计视图中，右击窗体空白处，在弹出快捷菜单中选择"窗体页眉/页脚"命令，这时在窗体设计视图中添加了一个"窗体页眉"节和"窗体页脚"节。

② 单击"窗体设计工具/设计"→"控件"→"标签"按钮 Aa，在窗体页眉处单击要放置标签的位置，然后输入标签内容"浏览学生信息"。

③ 在标签的属性对话框中，将标题的"字体名称"设置为"隶书"，"字号"设置为 22，"前景色"设置为"蓝色"，如图 8-4 所示。

图 8-4　标签格式设置

例8-3　添加选项组控件。为"浏览学生信息"窗体添加"四级通过"选项组。

实验步骤如下：

① 先确保窗口最左上角第四个按钮"向导开关"打开，打开是黄色，关闭是灰色。单击工具箱中的"选项组"按钮🔲，然后在窗体上单击要放置选项组的位置，弹出图 8-5 所示的"选项组向导"对话框之一。在其中输入选项组中每个选项的标签名，这里分别输入"是"和"否"。

② 单击"下一步"按钮，弹出"选项组向导"对话框之二。该对话框要求用户确定是否需要默认选项，这里选择"是"并指定"是"为默认项，如图 8-6 所示。

图 8-5 "选项组向导"对话框之一

图 8-6 "选项组向导"对话框之二

③ 单击"下一步"按钮，弹出"选项组向导"对话框之三。该对话框用来对每个选项赋值，这里将选项"是"赋值为-1，将选项"否"赋值为 0，如图 8-7 所示。

④ 单击"下一步"按钮，弹出"选项组向导"对话框之四。该对话框用来指定选项的值与字段的关系，这里设置将选项的值保存在"四级通过"字段中，如图 8-8 所示。

图 8-7 "选项组向导"对话框之三

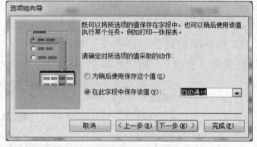

图 8-8 "选项组向导"对话框之四

⑤ 单击"下一步"按钮，弹出"选项组向导"对话框之五。在该对话框中指定"选项按钮"作为选项组中的控件，指定"蚀刻"作为采用的样式，如图 8-9 所示。

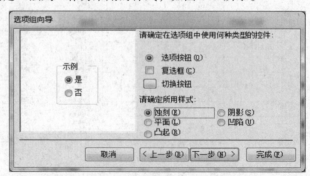

图 8-9 "选项组向导"对话框之五

⑥ 单击"下一步"按钮，弹出"选项组向导"对话框之六，在其中输入选项组的标题，这里输入"四级通过"，然后单击"完成"按钮，结果如图 8-10 所示。

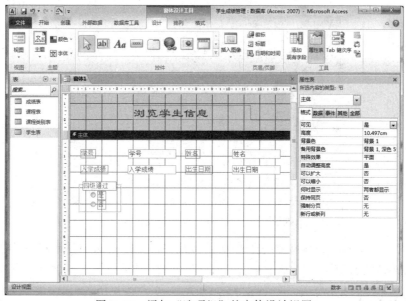

图 8-10 添加"选项组"的窗体设计视图

⑦ 保存"浏览学生信息"窗体。

例 8-4 添加绑定型组合框控件。在"浏览学生信息"窗体中添加"政治面貌"组合框。

实验步骤如下：

① 在图 8-10 所示的设计视图中，单击"组合框"按钮 ，然后在窗体上单击要放置组合框的位置，弹出"组合框向导"对话框之一，在其中选择"自行键入所需的值"单选按钮，如图 8-11 所示。

② 单击"下一步"按钮，弹出"组合框向导"对话框之二。该对话框要求用户输入各个选项的值，在"第 1 列"中分别输入"党员"、"团员"和"群众"，如图 8-12 所示。

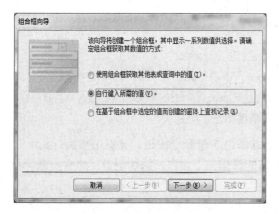

图 8-11 "组合框向导"对话框之一

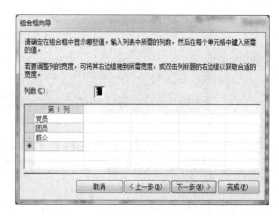

图 8-12 "组合框向导"对话框之二

③ 单击"下一步"按钮，弹出"组合框向导"对话框之三。在该对话框中指定选项的值与字段的关系，这里设置将选项保存在"政治面貌"字段中，如图 8-13 所示。

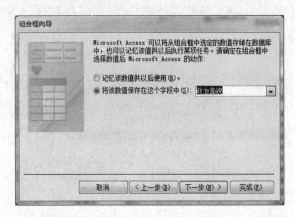

图 8-13　"组合框向导"对话框之三

④ 单击"下一步"按钮，弹出"组合框向导"对话框之四。在最后一个对话框中要求为组合框指定标签，这里输入"政治面貌"，然后单击"完成"按钮，结果如图 8-14 所示。

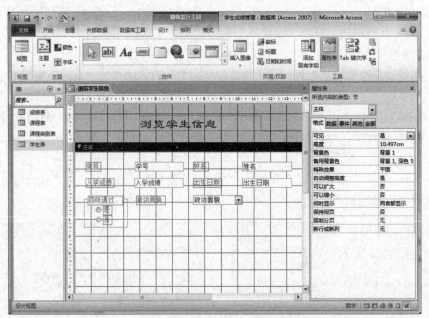

图 8-14　添加"组合框"的窗体设计视图

例 8-5　添加命令按钮。在图 8-14 所示的窗体下方添加 5 个命令按钮，分别用来执行显示上一条记录、下一条记录、添加记录、保存记录和关闭窗体的操作。下面以"添加记录"命令按钮为例，说明创建命令按钮的操作过程。

① 在图 8-14 所示的设计视图中，单击"命令按钮"控件██，然后在窗体上单击要放置命令按钮的位置，弹出"命令按钮向导"对话框之一，如图 8-15 所示。

② 在对话框的"类别"列表框中列出了可供选择的操作类别，每个类别在"操作"列表框下都

对应着多种不同的操作。先在"类别"列表框中选择"记录操作",然后在对应的"操作"列表框中选择"添加新记录"。

③ 单击"下一步"按钮,弹出"命令按钮向导"对话框之二。该对话框指定在按钮显示的是文本还是图片,这里选择"文本"单选按钮,在文本框中输入"添加记录",如图 8-16 所示。

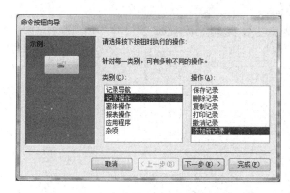
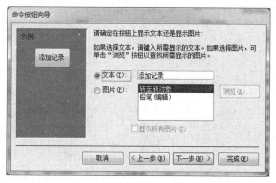

图 8-15　"命令按钮向导"对话框之一　　　　图 8-16　"命令按钮向导"对话框之二

④ 单击"下一步"按钮,弹出"命令按钮向导"对话框之三。在该对话框中可以为创建的命令按钮命名,以便以后引用,在文本框中输入"CmdAppend",如图 8-17 所示。

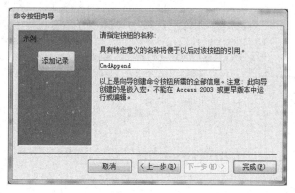

图 8-17　"命令按钮向导"对话框之三

⑤ 单击"完成"按钮,完成"添加记录"命令按钮的创建。

重复上述步骤,分别创建其他 4 个命令按钮,其中第 1 个和第 2 个命令按钮的"类别"为"记录浏览","操作"分别是"转至前一项记录"和"转至下一项记录",显示的文本是"前一项记录"和"后一项记录";第 4 个命令按钮的"类别"为"记录操作",选择的"操作"为"保存记录",显示的文本是"保存记录";第 5 个命令按钮的"类别"为"窗体操作",选择的"操作"为"关闭窗体",显示的文本是"退出"。

⑥ 选中所有按钮,选择"排列"→"大小/空格"选项,在下拉列表中选择"水平相等"选项,调整按钮的位置、宽度、对齐等相,结果如图 8-18 所示。

⑦ 单击"窗体视图"按钮,切换到窗体视图中检查所创建的窗体,如图 8-19 所示。如果满意,则可以保存该窗体的设计。

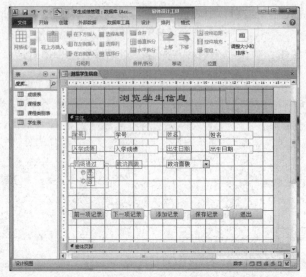

图 8-18 添加"命令按钮"的窗体设计视图

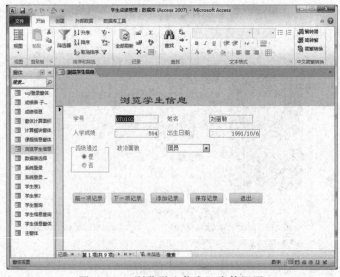

图 8-19 "浏览学生信息"窗体视图

例 8-6 添加选项卡控件。创建包含选项卡的窗体，窗体名为"学生信息"，选项卡中有两页，一页用来显示学生的学籍信息，另一页用来显示学生的成绩信息。

实验步骤如下：

① 在"学生成绩管理"数据库窗口中，以"设计视图"方式打开"学生信息_纵栏式"窗体。

② 将"学生信息_纵栏式"窗体中所有控件全部选中（选中一个控件后，按住【Shift】键的同时单击其他控件），然后单击"剪切"按钮 ，将选中的控件放到剪贴板上。

③ 单击"选项卡"按钮 ，在窗体上单击要放置选项卡的位置，调整其大小。初始选项卡有两个，可以在选项卡上右击，并在弹出的快捷菜单中选择"插入页"命令，增加选项卡的个数。本例中设置为两个即可。

④ 单击选项卡"页 1",再单击"粘贴"按钮 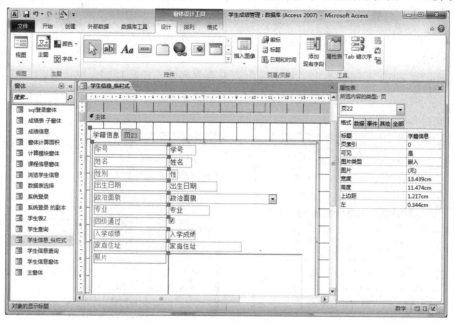，将剪贴板上的所有控件粘贴到第一个页面上。

⑤ 在属性窗口中设置该页面的"标题"属性为"学籍信息"，设置结果如图 8-20 所示。

图 8-20 "学生信息"窗体中第 1 页格式属性设置

创建"学生信息"窗体第 2 个选项卡的操作步骤如下：

① 单击选项卡"页 2"，在属性窗口中设置该页面的"标题"属性为"成绩信息"，如图 8-21 所示。

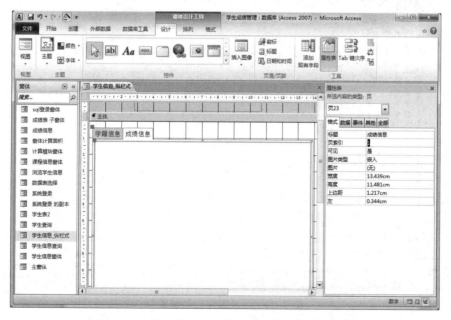

图 8-21 "学生信息"窗体中第 2 页格式属性设置

② 单击"列表框"按钮 ，在窗体上单击要放置列表框的位置，弹出"列表框向导"对话框之

一，选择"使用列表框查阅表或查询中的值"选项。

③ 单击"下一步"按钮，弹出下一个对话框，选择"视图"选项组中的"查询"单选按钮，然后从列表框中选择"总成绩表"，如图 8-22 所示。

④ 单击"下一步"按钮，弹出下一个对话框，将"可用字段"列表中的所有字段移动到"选定字段"列表框中。

⑤ 单击"下一步"按钮，弹出的对话框中要求确定列表使用的排列次序以及排序的方式。直接单击"下一步"按钮，在弹出的对话框中列出了所有字段的列表，此时拖动各列右边框可以改变列表框的宽度，如图 8-23 所示。

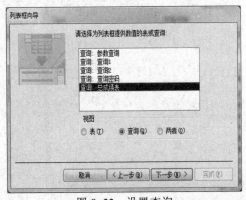

图 8-22 设置查询

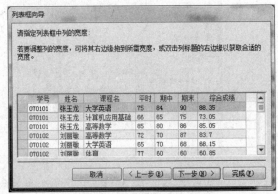

图 8-23 设置列表的宽度

⑥ 单击"完成"按钮，结果如图 8-24 所示。

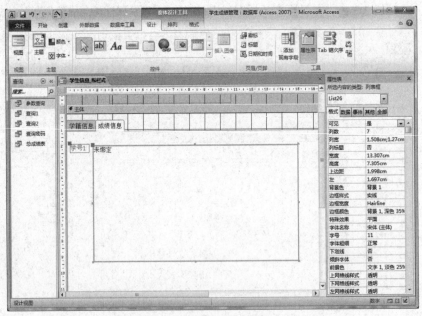

图 8-24 "成绩信息"选项卡

⑦ 删除列表框的标签，并适当调整列表框大小。如果希望将列表框中的标题显示出来，可将列表框的"列标题"属性设置为"是"，如图 8-25 所示。

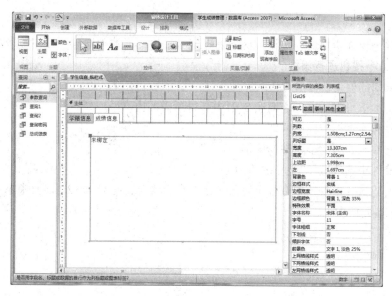

图 8-25 "成绩信息"选项卡属性设置

⑧ 切换到窗体视图，显示效果如图 8-26 所示。

图 8-26 "成绩信息"选项卡显示效果

实验习题

① 以"读者信息"表为数据源，利用设计视图创建"读者信息录入"窗体。

② 以"图书信息"表为数据源，利用设计视图创建"图书信息录入"窗体。

③ 以"读者信息"表、"图书信息"表和"借阅信息"表为数据源，利用设计视图创建主/子窗体，用于浏览每个读者的所有借阅记录。

常见错误

① 使用向导为窗体增加命令按钮，必须确保工具箱中的"控件向导"按钮被激活，然后才可以单击工具箱中的命令按钮进行添加。

② Null 指未知的值无任何值。

③ 绑定型文本框可以从表、查询或 SQL 中获得所需的内容。

④ 标签控件和文本框控件的区别。

⑤ 绑定型控件和非绑定型控件的区别。

⑥ 选项组控件中选项值："是"的值为–1，"否"的值为 0。

⑦ 例 8–6 所建选项卡窗体中有 3 个对象，分别是选项卡、页 1、页 2，向页中添加控件时应选中相应页，而不是选项卡对象。

实验 九

实验目的

① 利用"自动创建报表"创建纵栏式报表。

② 利用"报表向导"创建分组汇总报表。

③ 利用"图表向导"创建图表报表。

④ 利用"标签向导"创建标签报表。

⑤ 在设计视图中修改用"自动创建报表"或"报表向导"创建的报表。

⑥ 在设计视图中向已有报表中添加计算控件。

知识要点

1. 报表的作用

按照一定的格式打印来自表和查询的数据；能自动求解表达式的值并进行打印；能够进行自动的数据汇总，包括对分组数据进行小计；可包含子窗体、子报表；可以在报表中包含图形、图表和 OLE 对象；能按照特殊个性排版，如发票、订单、报道证、邮寄标签等。

2. 报表的组成及每部分的作用

报表通常由报表页眉、报表页脚、页面页眉、页面页脚和主体 5 部分以及组页眉、组页脚 2 部分组成，每一部分称为报表的"节"，除主体节外，其他节可通过设置确定有无，但所有报表必有主体节。

① 表页眉，以大的字体将该份报表的标题放在报表顶端。只有报表的第 1 页才出现报表页眉内容。报表页眉的作用是作为封面或报表标题等。

② 页面页眉，页面页眉中的文字或字段，通常会打印在每页的顶端。如果报表页眉和页面页眉共同存在于第 1 页，则页面页眉数据会打印在报表页眉的数据下。一般用来设置数据表中的列标题，即字段名。

③ 主体，用于处理每一条记录，其中的每个值都要被打印。主体节是报表内容的主体区域，通常含有计算的字段。

④ 页面页脚，页面页脚出现在每页的底部，用来设置本页的汇总说明，插入日期或页码等，如 "="第"&[page]& "页""表达式用来打印页码。

⑤ 报表页脚，报表页脚只出现在报表的结尾处，常用来设置报表的汇总说明、结束语及报表的生成时间等。

除了以上通用区段外，在分组和排序时，有可能需要组页眉和组页脚。在报表设计视图中，可选择"设计"→"分组和汇总"→"分组和排序"命令，弹出"排序与分组"对话框。选定分组字段后，对话框右端单击"更多"按钮，会出现"组属性"选项组，将"有页眉节"和"有页脚节"框中的设置选中，在工作区即会出现相应的组页眉和组页脚。

⑥ 组页眉，组页眉节是输出分组的有关信息。一般用来设置分组的标题或提示信息。在该节中设置的内容，将在报表的每个分组的开始显示一次。

⑦ 组页脚，组页脚节也用于输出分组的有关信息。一般用来设置每组输出的信息，例如，分组的一些小计、平均值等。在该节中设置的内容，将显示在每个分组的结束位置。

3．报表的数据源及报表的分类

报表的数据源：表和查询。根据数据记录的显示方式提供了 4 种类型的报表，分别是纵栏式报表、表格式报表、图表报表、标签报表。

4．报表视图

Access 的报表操作提供了 4 种视图：报表视图、设计视图、打印预览和布局视图。

5．使用向导创建报表

通过使用向导，可以快速创建各种不同类型的报表。Access 提供了"报表向导"、"图表向导"和"标签向导" 3 种方式。使用"报表向导"可以创建标准报表；使用"图表向导"可以创建图表；使用"标签向导"可以创建用于邮件的标签。

6．使用设计器编辑报表

在报表的"设计"视图中可以对已经创建的报表进行编辑和修改，主要操作项目有：设置报表格式，添加背景图案、页码及时间日期等。

7．设置报表的排序依据，分组依据

报表中的记录通常是按照自然顺序，即数据输入的先后顺序排列显示的。使用"报表向导"创建报表时，会提示设置报表中的记录排序，最多可以对 4 个字段进行排序。"报表向导"中设置字段排序，除有最多一次设置 4 个字段的限制外，排序依据还限制只能是字段，不能是表达式。实际上，一个报表最多可以安排 10 个字段或字段表达式进行排序。

分组是指报表设计时按选定的某个或几个字段值是否相等而将记录划分成组的过程。操作时，先要选定分组字段，将字段值相等的记录归为同一组，字段值不等的记录归为不同组。通过分组可以实现同组数据的汇总和输出，增强了报表的可读性。一个报表中最多可以对 10 个字段或表达式进行分组。

8．报表计算和汇总

根据报表设计的不同，可以将计算控件添加到报表的不同节中实现计算。

（1）将计算控件添加到主体节区

在主体节中添加计算控件，用于对数据源中的每条记录进行字段的计算，例如求和、平均值等，相当于在报表中增加了一个新的字段。

（2）将计算控件添加到报表页眉/页脚区或组页眉/页脚区

在报表页眉/页脚区或组页眉/页脚区添加计算控件，目的用于汇总数据，例如，对某些字段的一组记录或所有记录进行求和或求平均值等。如果说，在主体节中添加的字段用于对数据源中每条记录进行行方向的统计，则在报表页眉/页脚区或组页眉/页脚区添加计算控件就是对数据源中的每个字段进行列方向的统计。

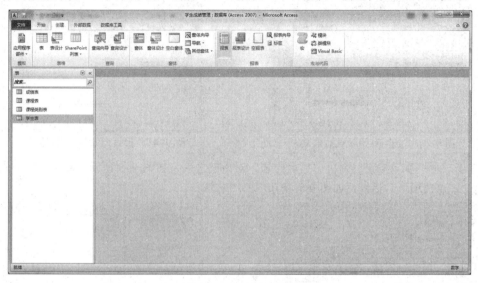
图 9-1 自动创建报表

③ 屏幕显示出新建的报表，如图 9-2 所示，命名并保存报表。单击工具栏中的"保存"按钮，弹出"另存为"对话框，在此对话框中输入报表的名称"学生_纵栏式"，然后单击"确定"按钮。

将上面创建的报表切换到设计视图，观察系统对这个报表所做的设置。

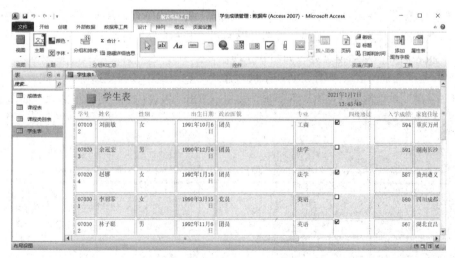
图 9-2 自动创建"学生表"报表

实验示例

例 9-1 自动创建报表。以"学生表"为数据源，使用"自动创建报表"建立一个名为"学生_纵栏式"报表。

实验步骤如下：

① 在"学生成绩管理"数据库导航窗格窗口中，选择"表"→"学生表"对象作为数据源。

② 单击数据库窗口工具栏中的"创建"→"报表"→"报表"按钮，如图 9-1 所示。

例9-2 使用报表向导，创建"学生表"报表。

实验步骤如下：

① 在"学生成绩管理"数据库导航窗格中选中"表"→"学生表"，作为报表数据源。

② 单击"创建"→"报表"→"报表向导"按钮，弹出"报表向导"对话框之一，选择学生表中除了照片字段外的其他字段，如图 9-3 所示。

③ 单击"下一步"按钮，弹出"报表向导"对话框之二，选择"专业"作为分组级别，如图 9-4 所示。

图 9-3 "报表向导"对话框之一

图 9-4 "报表向导"对话框之二

④ 单击"下一步"按钮，弹出"报表向导"对话框之三，如图 9-5 所示。单击"汇总选项"按钮，弹出"汇总选项"对话框，如图 9-6 所示。

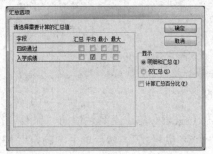
图 9-5 "报表向导"对话框之三

图 9-6 "报表向导"对话框之四

⑤ 设置汇总选项。在图 9-6 中，选中"入学成绩"的平均一列，在"显示"选项组中选择"明细和汇总"单选按钮，然后单击"确定"按钮，返回到"报表向导"对话框之三，这时单击"下一步"按钮，弹出"报表向导"对话框之五，如图 9-7 所示。

⑥ 选择报表的布局方式。在图 9-7 所示的"布局"选项组中选择"递阶"方式，在"方向"选项组中选择"纵向"单选按钮。单击"下一步"按钮，弹出"报表向导"对话框之六，如图 9-8 所示。

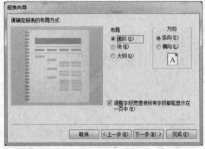
图 9-7 "报表向导"对话框之五

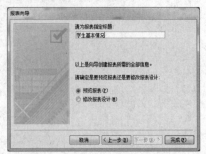
图 9-8 "报表向导"对话框之六

⑦ 为报表指定标题。在图9-8中输入"学生基本情况",然后单击"完成"按钮,屏幕显示该报表的设计效果,如图9-9所示。至此,报表创建完毕。

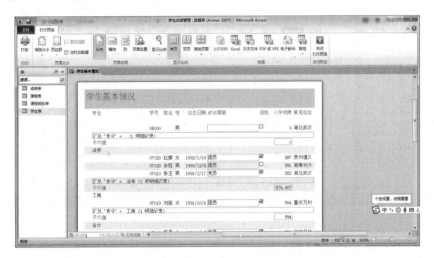

图9-9 使用"报表向导"创建的"学生基本情况"报表

例9-3 使用图表控件。创建"学生表"姓名与入学成绩的图表报表。

实验步骤如下:

① 打开"学生成绩管理"数据库,单击"创建"→"报表"→"报表设计"命令按钮,进入报表设计视图,如图9-10所示。

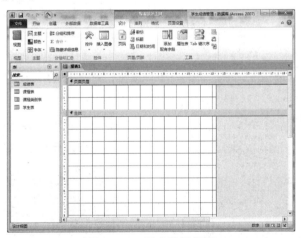

图9-10 报表设计视图

② 保证左上角的"向导开关"选中,单击"设计"→"控件"中的展开箭头,如图9-11所示,展开所有控件。

③ 选中"图表"控件,然后在报表的"主体"节中单击,弹出"图表向导"之一,如图9-12所示。

④ 在"视图"选项中选择"表"单选按钮,在数据源中选择选择"学生表",单击"下一步"按钮,打开图表向导之二,选择字段,如图9-13所示。

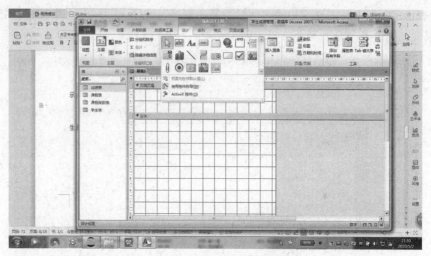

图 9-11　展开所有控件

图 9-12　图表向导之一：选择数据源

图 9-13　图表向导之二：选择字段

⑤ 选择姓名与入学成绩字段，单击"下一步"按钮，弹出图表向导之三，指定图表类型为"三维柱形图"，如图 9-14 所示。

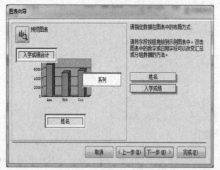

图 9-14　图表向导之三：选择图表类型图

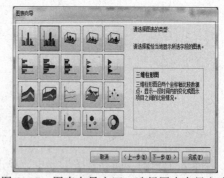

图 9-15　图表向导之四：选择图表布局方式

⑥ 单击"下一步"按钮，弹出"图表向导"对话框之四，指定布局方式，如图 9-15 所示。

⑦ 单击"下一步"按钮，弹出"图表向导"对话框之五，指定图表标题，如图 9-16 所示。

⑧ 输入标题"学生入学成绩图表"，确定显示图例。单击"完成"按钮，进入图表报表设计视图，切换视图为"布局视图"，如图 9-17 所示。以"学生入学成绩图表"为名，保存报表。

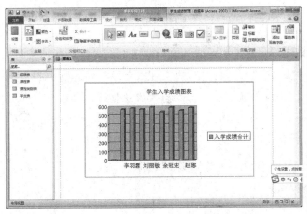

图 9-16 图表向导之五：选择图表标题

图 9-17 图表报表布局视图

例9-4 使用标签向导。创建以"学生表"为数据源的姓名与家庭住址的标签式报表。

实验步骤如下：

① 在"学生成绩管理"数据库导航窗格中选中"表"→"学生表"，作为报表数据源。单击"创建"→"报表"→"标签"按钮。

② 弹出图 9-18 所示的"标签向导"对话框之一。

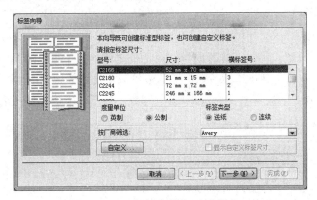

图 9-18 "标签向导"对话框之一

③ 选择"C2166"型号，然后单击"下一步"按钮，弹出"标签向导"对话框之二，如图 9-19 所示。

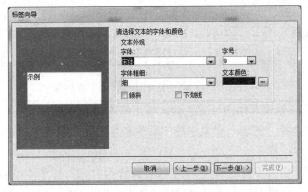

图 9-19 "标签向导"对话框之二

④ 在该对话框中设置标签文本的字体、字号、颜色、下画线等，设置后单击"下一步"按钮，弹出"标签向导"对话框之三，如图 9-20 所示。

⑤ 在右侧的"原型标签"文本框中输入"学号:"，再双击左侧"可用字段"列表框中的"学号"字段；然后在右侧的"原型标签"文本框中输入"姓名:"，再双击左侧"可用字段"列表框中的"姓名"字段；接下来在"原型标签"文本框中先按【Enter】键，在下一行输入"专业:"，再双击"可用字段"列表框中的"专业"字段后；在"原型标签"文本框中输入"家庭住址:"，再双击"可用字段"列表框中的"家庭住址"字段，设置后的内容如图 9-20 所示。

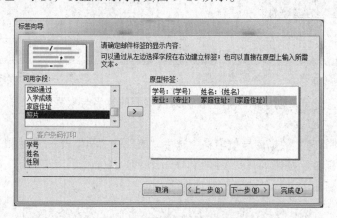

图 9-20 "标签向导"对话框之三

⑥ 单击"下一步"按钮，弹出"标签向导"对话框之四，这里可以选择"学号"为排序字段。

⑦ 单击"下一步"按钮，弹出"标签向导"的最后一个对话框，如图 9-21 所示。在"请指定报表的名称"文本框中输入"学生家庭住址"，单击"完成"按钮，完成标签报表的设计。

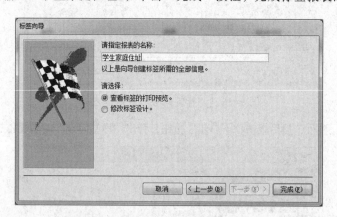

图 9-21 "标签向导"的最后一个对话框

例 9-5 在设计视图中修改利用向导建立的"学生基本情况"报表。

① 在数据库窗口中选择"报表"对象中的"学生基本情况"报表。单击"设计"按钮，在设计视图中打开报表，如图 9-22 所示。

② 设置"专业页眉"中文本框的属性，"字号"设置为"10"，"字体粗细"为"加粗"。

③ 在"专业页脚"中，删除文本框"="汇总 " & "'专业' = " & " " & [专业] & " (" & Count(*) & " "

& IIf(Count(*)=1,"明细记录","项明细记录") & ")"。

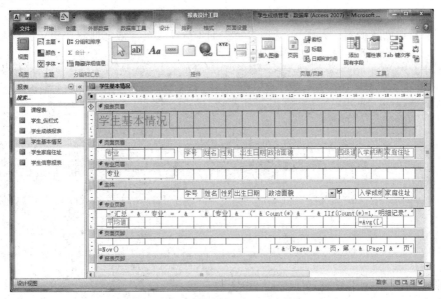

图 9-22　设计视图中的"学生基本情况"报表

④ 将"页面页脚"中的文本框"=Now()"剪切粘贴到"报表页眉"中,"文本对齐"设置为"右"。

⑤ 删除"专业页脚"中的标签"平均值"和文本框"=AVG"。

⑥ 在"专业页脚"中添加"直线"控件,删除"报表页眉"中的直线,调整各"直线"控件的长短、位置和粗细。

⑦ 调整各个控件的位置和大小,调整节的大小和页面的大小,直到对报表的布局感到满意为止。

图 9-23 所示为修改后的"学生基本情况"报表的设计视图。

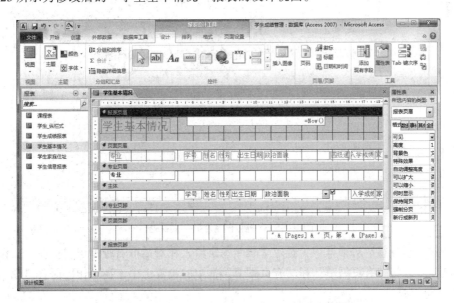

图 9-23　修改后的"学生基本情况"报表的设计视图

例 9-6 创建分组排序报表。

实验步骤如下：

① 利用 "自动创建报表：表格式"，以 "学生期末成绩查询" 为数据源，建立 "学生期末成绩" 报表，如图 9-24 所示，并在设计视图中打开。

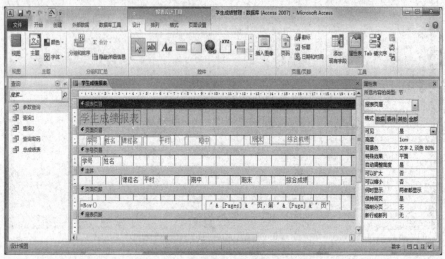

图 9-24 自动创建的表格式报表

② 选择 "窗体设计工具/设计" → "分组和汇总" → "分组和排序" 命令，弹出 "排序与分组" 对话框。其中已设置了按 "学号" 字段分组和升序排列，增加按 "课程号" 升序排列，如图 9-25 所示。

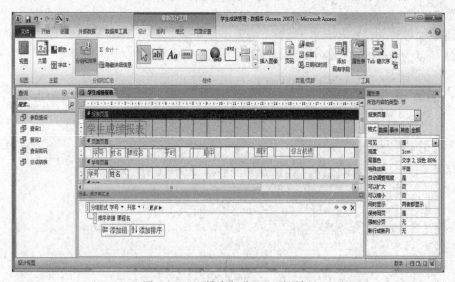

图 9-25 "排序与分组" 对话框

③ 在 "排序与分组" 对话框中，选定 "学号" 字段，在对话框右端单击 "更多" 按钮，会出现 "组属性" 选项组，将 "有页眉节" 和 "有页脚节" 框中的设置选中，在工作区即会出现相应的学号组页眉和学号组页脚。

④ 将报表页眉中的标签设置为 "学生期末成绩单"，调整 "学号页眉" 的宽度，切换到布局视图

查看分组间距，直到满意为止。

⑤ 双击工具箱中的"直线"按钮，在"页面页眉"中的标签控件上下分别添加一条直线，再单击工具箱中的"直线"按钮，结束直线的添加，设置后的设计视图如图 9-26 所示。

⑥ 切换到"打印预览"视图查看显示的报表，如图 9-27 所示。

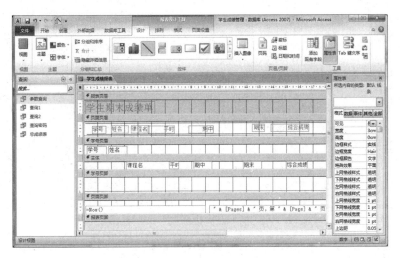

图 9-26 设置分组后的设计视图

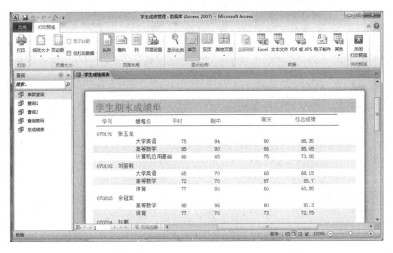

图 9-27 分组后的"学生期末成绩"报表预览效果

例9-7 添加计算控件。在"学生期末成绩单"报表中统计每个学生期末成绩的平均分。

实验步骤如下：

① 在报表的设计视图中打开"学生期末成绩单"报表。

② 单击"文本框"按钮，然后在"学号页脚"中添加文本框及附加的标签，在标签的标题中输入"平均分"，在文本框属性设置"控件来源"为"=Avg([期末])"。注意中括号不要写成全角字符，同时设置文本框"格式"卡片属性的小数位数为1，上一个属性"格式"选择"固定"，保留一位小数。

③ 双击"直线"按钮，在"学号页脚"节的控件上下分别添加一条直线，最后，单击工具箱中

的"直线"按钮，结束直线的添加，设置后的设计视图如图 9-28 所示。

④ 切换到"打印预览"视图查看显示的报表，如图 9-29 所示。

⑤ 单击"保存"按钮，完成该报表的修改与编辑。

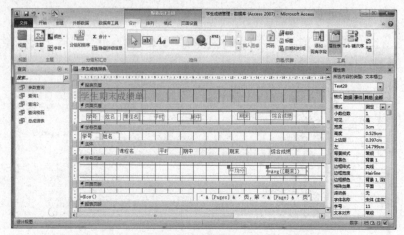

图 9-28 在"学生期末成绩单"中设置计算控件

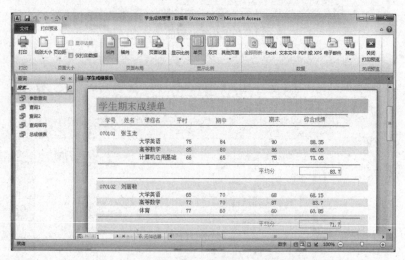

图 9-29 "学生期末成绩单"报表的输出

实验习题

① 以"读者信息"表为数据源，利用"设计视图"创建"读者信息报表"。

② 以"图书信息"表为数据源，利用"设计视图"创建"图书信息报表"。

③ 以"借阅信息"表为数据源，利用"设计视图"创建"借阅信息报表"。

常见错误

① 创建报表时，使用自动创建方式可以创建纵栏式报表和表格式报表。

② 在报表中，改变一个节的宽度将改变整个报表的宽度。

③ 一个主报表最多只能包含两级子窗体或子报表。

④ 默认情况下，报表中的记录按照自然顺序排列显示。

⑤ 在报表设计中，可以通过添加分页符控件来控制另起一页输出显示。

⑥ 报表页眉/页脚以及页面页眉/页脚的区别。

⑦ 分组字段可以在除了页面页眉/页脚之外的其他元素中出现。

实验 ⑩

实验目的

① 掌握宏设计器的使用。

② 熟悉和掌握子宏的创建过程。

③ 熟悉和掌握条件宏的创建过程。

④ 熟悉和掌握宏与窗体对象的结合过程。

知识要点

① 宏是具有名称的、由一个或多个操作命令组成的集合，其中每个操作实现特定的功能，诸如打开表、调入数据或报表、切换不同窗口等。

② Access 2010 重新设计了宏设计窗口，使得开发宏更为方便。当创建一个宏后，在宏设计窗口中，出现一个组合框，在其中可以添加宏操作并设置操作参数。

③ 添加新的宏操作有 3 种方式：

①直接在"添加新操作"组合框中输入宏操作名称。

②单击"添加新操作"组合框的向下箭头，在打开的列表中选择相应的宏操作。

③从"操作目录"窗格中把某个宏操作拖曳到组合框中或双击某个宏操作。

实验示例

例 10-1 创建操作序列宏。其功能是打开"学生"表和"总成绩表"查询，然后先关闭查询，再关闭表，关闭前用消息框提示操作。

实验步骤如下：

① 打开"学生成绩管理"数据库，单击"创建"→"宏与代码"→"宏"按钮，进入宏设计器界面，如图 10-1 所示。

② 在第一行命令栏输入"opentable"命令，按【Enter】键后，展开参数区，在"表名称"项下拉选择"学生表"，其他默认。在第二行命令栏输入"messagebox"命令，展开后，在"消息"项，输入"单击确定关闭学生表"，其他默认，如图 10-2 所示。

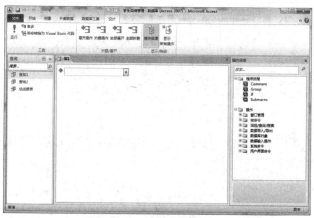

图 10-1 宏设计器界面

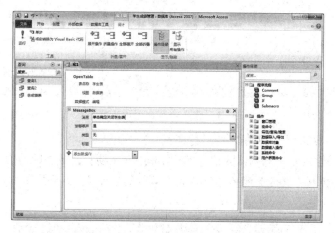

图 10-2 输入 opentable 与 messagebox 命令

③ 在下一行中继续输入"closewindow"命令,"对象类型"设置为"表","对象名称"设置为"学生表",下一行命令输入"openquery","查询名称"设置为"总成绩表"查询,如图 10-3 所示。

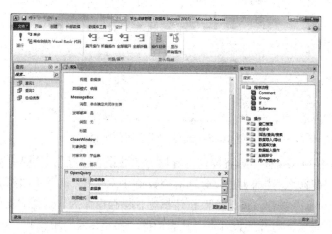

图 10-3 输入 closewindow 与 openquery 命令

④ 在下一行中继续输入"messagebox"命令，展开后，在"消息"项，输入"单击确定关闭总成绩表查询"，下一行中继续输入"closewindow"命令，"对象类型"设置为"查询"，"对象名称"设置为"总成绩表"，输入这 6 条命令后，单击"设计"→"折叠/展开"→"全部折叠"按钮，如图 10-4 所示。

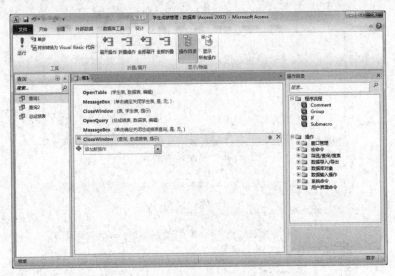

图 10-4 输入全部命令后折叠显示

⑤ 单击"运行"按钮 ![run]，观察宏的运行情况。

例 10-2 掌握子宏以及宏与窗体的结合。在窗体中显示要打开或关闭的表，在窗体命令按钮"单击"事件中加入宏来控制打开或关闭所选定的表，运行效果如图 10-5 所示。

实验步骤如下：

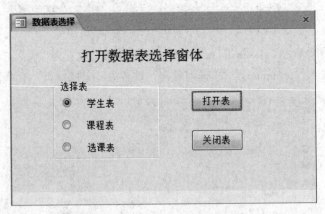

图 10-5 选择打开不同的表窗体

① 创建如图 10-5 所示窗体，设置窗体的标题为"数据表选择"，其中"选择表"选项组用控件向导完成，学生表、课程表、选课表选项分别对应数值 1、2、3，确保选项组名称为 frame1，然后关闭控件向导，添加两个命令按钮，同时修改按钮标题，保存窗体为"选择表窗体"。

② 创建子宏与条件宏。打开宏设计器，从右边的"操作目录"中找到"submacro"，将其拖到第一条命令栏，会出现"子宏"，将子宏名 sub1 改为"打开表"，如图 10-6 所示。

图 10-6　添加子宏"打开表"

③ 从"操作目录"中找到"if"，将其拖到子宏内的第一行命令"添加新操作"处，进入条件宏，在命令文本框中输入"frame1=1"，然后在下一条命令中输入"opentable"，表名称设置为"学生表"，如图 10-7 所示。

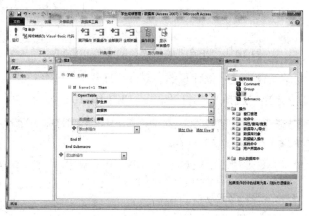

图 10-7　添加条件宏，打开学生表

④ 用同样的方法，添加第二个条件，打开"课程表"与第三个条件，打开"成绩表"，如图 10-8 所示，注意层次，让 3 个 if 语句并列，而不要嵌套。

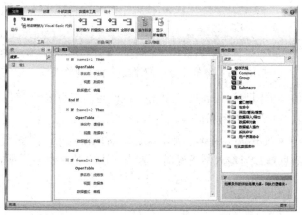

图 10-8　子宏"打开表"的 3 条 if 语句

⑤ 用同样的方法，建立第二个子宏"关闭表"，分别添加 3 条 if 语句，利用"closewindow"宏命令，关闭"学生表"、"课程表"和"成绩表"，如图 10-9 所示，保存宏名称为"选择表宏"。

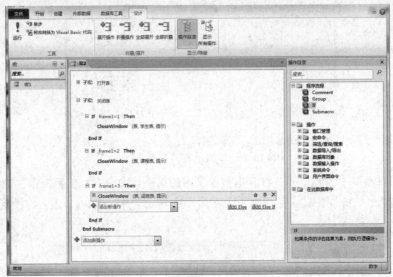

图 10-9　子宏"关闭表"的 3 条 if 语句

⑥ 打开步骤①所建立的窗体，进入设计视图，双击"打开表"命令按钮，打开属性表，找到"单击"事件，在下拉列表框中选择"选择表宏.打开表"，如图 10-10 所示。

图 10-10　将条件宏与窗体按钮事件建立关联

⑦ 用同样的方法，将"关闭表"按钮的"单击"事件与"选择表宏.关闭表"相关联，进入窗体视图运行，选择不同的表，打开和关闭相应表，观察设计结果。

例 10-3　创建一个"系统登录"窗体，要求从登录窗体输入用户名和密码，当输入正确时，弹出"欢迎使用系统！"的消息框，当输入不正确时，弹出"用户名或密码不正确，请重新输入！"的消息框，并关闭登录窗体。

实验步骤如下：

① 建立一个"系统登录"窗体，如图 10-11 所示，保存窗体名称为"系统登录"。

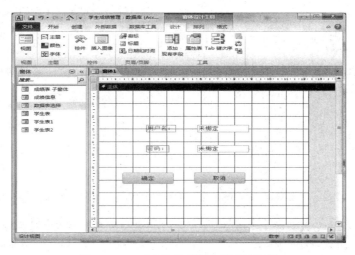

图 10-11 "系统登录"窗体设计视图

② 双击窗体空白处，在属性表中选择"窗体"对象，在"格式"选项卡中将"导航按钮"属性的值设置为"否"，将窗体"标题"属性设置为"系统登录"，确保文本框名称分别为 Text0 和 Text2。

③ 打开文本框 Text2 的"属性"对话框，在"数据"选项卡中将"输入掩码"属性的值设置为"密码"，如图 10-12 所示，使密码框中输入的密码以"*"显示。

④ 在"确定"按钮"属性"对话框的"事件"选项卡中，单击"单击"一行右侧的"生成器"按钮 [...]，弹出"选择生成器"对话框，如图 10-13 所示。

图 10-12 文本框 Text2 的"输入掩码"属性   图 10-13 "选择生成器"对话框

⑤ 选择"宏生成器"，单击"确定"按钮，打开嵌入式"宏设计"窗口，将"if"语句拖入第一行，在条件中输入"forms![系统登录]![text0]="admin" And forms![系统登录]![text2]="1234""，注意引号是半角的，如图 10-14 所示，也可以不写 forms![系统登录]，因为命令按钮与文本框在同一个窗体内。

⑥ 在下面的命令行中输入"messagebox"命令，输入消息"欢迎进入系统！"，如图 10-15 所示。

⑦ 单击"添加 else"语句，在下面的命令行中输入"messagebox"命令，输入消息"用户名或者密码输入错误！"，如图 10-16 所示。

图 10-14　输入条件宏表达式

图 10-15　弹出消息框

图 10-16　弹出 else 错误消息框

⑧ 单击"保存"按钮，然后关闭宏设计窗口，并保存改动后的窗体。

⑨ 在窗体视图中打开"系统登录"窗体，分别向文本框中输入正确用户名"admin"和密码"1234"，观察窗体的运行情况，再输入错误的用户名和密码，观察窗体的运行情况。

例10-4　使用宏建立如图 10-17 所示的系统菜单。

实验步骤如下：

① 创建"学生信息管理系统"主窗体，添加一个标题与一个背景图片，如图 10-18 所示，保存窗体名为"主窗体"。

② 创建一个名为"主菜单"的宏，含三个一级菜单分别为"窗体查询"、"报表输出"和"退出"，如图 10-19 所示。

图 10-17　系统菜单

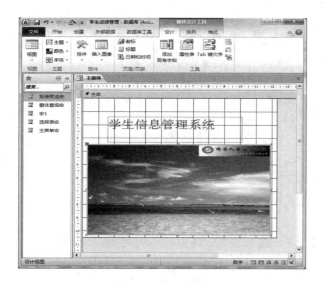

图 10-18　主窗体

图 10-19　"主菜单"宏

③ 创建"窗体查询"宏，包括"学生信息查询"与"课程信息查询"两个子宏，如图 10-19 所示。先要创建"学生信息窗体"与"课程信息窗体"，不然没有打开的窗体对象，"&T"为菜单设置快捷键，必须用英文半角。

图 10-20　"窗体查询"宏

④ 用同样的方法创建"报表预览"宏与"退出"宏，如图 10-21 与 10-22 所示，先要创建好"学生信息报表"与"学生成绩报表"。

⑤ 将"主菜单"与"主窗体"连接起来。打开"主窗体"的设计视图，双击窗体空白处，打开属性表，找到"窗体"对象中的"其他"→"菜单栏"属性，输入"主菜单"，同时将"格式"→"导航按钮"设置为"否"，如图 10-23 所示，存盘后进入窗体视图查看，单击系统菜单中的"加载项"，就可以看见"主窗体"的菜单项，如图 10-24 所示，分别单击各子菜单，查看各功能运行情况。

图 10-21 "报表预览"宏　　　　　　　　图 10-22 "退出"宏

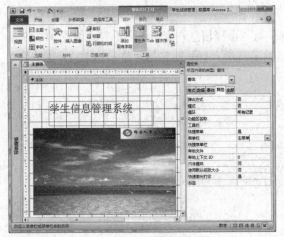

图 10-23 设置"主窗体"菜单栏属性　　　　图 10-24 "主窗体"菜单栏

实验习题

① 按如图 10-25 所示效果，创建"读者信息查询"窗体，该窗体中的查询按钮通过宏命令的方法，打开如图 10-26 所示的"读者信息浏览"窗体。

提示："读者信息浏览"窗体使用前面已建立的参数查询"读者查询"为数据源，对"读者查询"可设置其"读者编号"字段的条件参数为"读者信息查询"窗体中文本框的值，例如，该文本框的名称为"文本 1"，则其"读者编号"字段的条件参数可设置为"[Forms]![读者信息查询]![文本 1]"）。

② 以前面建立的参数查询"图书查询"为数据源，按照第 1 题的方法，创建一个类似该功能的"图书信息查询"窗体。

③ 以前面建立的参数查询"借阅查询"为数据源，按照第 1 题方法，创建一个类似该功能的"借阅信息查询"窗体。

图 10-25　"读者信息查询"窗体的运行效果图

图 10-26　"读者信息浏览"窗体的运行效果图

常见错误

① 水平菜单运行后会在界面顶部出现，顶替系统主菜单。

② 图 10-25 中文本框的名称一定要查清楚，引用文本框时要和图 10-26 中文本框名称一致。

③ 先要做一个参数查询，参数名称是图 10-26 的文本框名称，不是"请输入读者信息"，有些同学直接就去写条件宏，这样就造成了错误。

实验 ⑪ 一

VBA 编程基础

实验目的

① 理解模块的概念，掌握创建模块的方法。

② 掌握 VBA 流程控制语句的用法及功能。

③ 掌握过程参数传递、变量的作用域和生存期。

④ 熟悉为窗体和控件事件编写 VBA 代码的方法。

知识要点

1. 基本概念

标准模块包含的是通用过程和常用过程，用户可以像创建新的数据库对象一样创建包含 VBA 代码的通用过程和常用过程。

类模块是含有类定义的模块，包括其属性和方法的定义。窗体模块和报表模块都是类模块，它们分别与某个窗体和报表相关联。

模块是由声明和过程两个部分组成，一个模块有一个声明区域和一个或多个过程，在声明区域对过程中用到的变量进行声明，过程有如下两类：

① Sub 子过程，又称为子过程。执行一序列操作，无返回值。定义格式如下：

```
Sub 过程名
   [程序代码]
End Sub
```

可以引用过程名来调用该子过程，也可以在过程名前加一个关键字 Call 来调用。

② Function 函数过程，又称函数过程。执行一序列操作，有返回值。定义格式如下：

```
Function 过程名 As 返回值类型
   [程序代码]
End Function
```

函数过程不可以用 Call 来调用执行，需要直接引用函数过程名。

进入 VBE 编程环境的具体方法。

2. VB 编程语言

① 数据类型、常量、变量、内部函数、运算符和表达式等。

② 流程控制语句，掌握流程控制语句的语法格式和执行过程。

③ 过程和函数的定义与调用方法。

实验示例

例11-1　建立一个标准模块，功能要求：输入一个正整数 n，求 $1+2+3+\cdots+n$。

设计方法：用 inputbox()函数输入正整数 n，用循环语句求累加和，过程用 sub 通用子过程。通过本例掌握标准模块的建立和运行方法。

实验步骤如下：

① 打开商品销售管理系统数据库。

② 选择"创建"选项卡"宏与代码"组，单击"模块"按钮，打开 VBE 窗口，如图 11-1 所示；选择"插入""过程"按钮，弹出"添加过程"对话框，如图 11-2 所示。

图 11-1　"VBA 模块"窗口

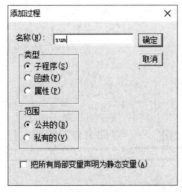

图 11-2　"添加过程"对话框

③ 在添加过程窗口中名称后输入过程名 sum，类型选择子程序，范围选择公共的，单击"确定"按钮，然后在代码窗口中输入代码，如图 11-3 所示。

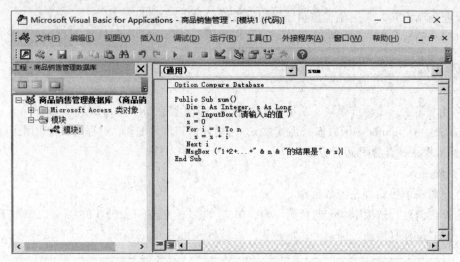

图 11-3　输入代码窗口

```
Dim n As Integer, s As Long
n = InputBox("请输入 n 的值")
s = 0
For i = 1 To n
    s = s + i
Next i
MsgBox ("1+2+...+" & n & "的结果是" & s)
```

④保存为模块 1。

⑤单击运行菜单中运行子过程/用户窗体命令项，在弹出的信息框中输入 *n* 的值 100，弹出的消息框中显示的结果为 5050。

例 11-2　建立一个名为模块 2 的标准模块，用函数求 *n* 的阶乘 *n*!。

操作步骤和例 11-1 相同，在代码窗口中输入如下代码：

```
Public Function fac(n As Integer) As Long
    fac = 1
    For i = 1 To n
      fac = fac * i
    Next i
End Function
```

运行时，在 VBA 窗口选择"视图"→"立即窗口"按钮，打开立即窗口后，在立即窗口中输入：

```
Print fac(5)
```

即可显示 5 的阶乘。

例 11-3　建立窗体模块：建立一个名为"计算"的窗体，当单击"求和"命令按钮时，调用模块 1 中的 sum 过程，当单击"求阶乘"命令按钮时，调用模块 2 中的 fac 函数。注意本例需要在例 11-1 和例 11-2 完成无误的前提下进行实验。

实验步骤如下：

① 在设计视图中建立一个窗体，在窗体上添加两个命令按钮，并进行相关属性设置，如图 11-4 所示。

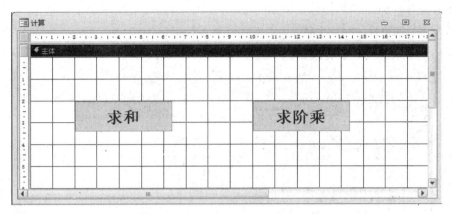

图 11-4　"计算"窗体

②记录下"求和"及"求阶乘"两个命令按钮的默认标识名称 command0 和 command1。

③打开"求和"命令按钮属性窗口，如图 11-5 所示，在求和命令按钮属性对话框的"事件"选项卡中，单击"单击"行右侧的"…"按钮，在弹出的选择生成器对话框中，单击代码生成器，然后在代码窗口中输入代码，如图 11-6 所示。

图 11-5　命令按钮属性对话框单击事件

```
Private Sub command0_Click()
    Call sum
End Sub
```

④用同样的方法输入求阶乘命令按钮的单击事件代码。

```
Private Sub command1_Click()
    Dim n As Integer
```

```
    n = InputBox("请输入 n:")
    MsgBox (n & "的阶乘是" & fac(n))
End Sub
```

⑤保存窗体，命名为"计算"。

⑥运行窗体，即可开始完成求和、求阶乘的计算。

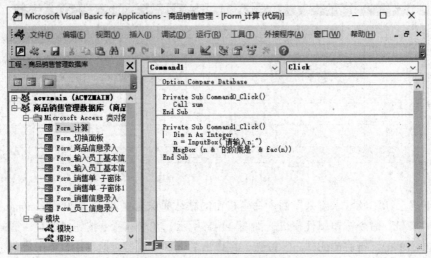

图 11-6 命令按钮代码窗口

例 11-4 Access 常量、变量、函数及表达式，要求：通过立即窗口完成以下各题。

?7\2	结果为＿＿＿＿＿＿
?7 mod 2	结果为＿＿＿＿＿＿
?5/2<=11	结果为＿＿＿＿＿＿
?#2012-03-05#	结果为＿＿＿＿＿＿
?"VBA"&"程序设计基础"	结果为＿＿＿＿＿＿
?int(-3.25)	结果为＿＿＿＿＿＿
?sqr(9)	结果为＿＿＿＿＿＿
?round(15.3451,2)	结果为＿＿＿＿＿＿
c="Wuhan University "	
?Mid(c,7,3)	结果为＿＿＿＿＿＿
?Left(c,7)	结果为＿＿＿＿＿＿
?Right(c,10)	结果为＿＿＿＿＿＿
?Len(c)	结果为＿＿＿＿＿＿
?Date()	结果为＿＿＿＿＿＿
?Asc("BC")	结果为＿＿＿＿＿＿
?Chr(67)	结果为＿＿＿＿＿＿
?Str(100101)	结果为＿＿＿＿＿＿
?Val("2010.6")	结果为＿＿＿＿＿＿

例11-5 VBA 流程控制。

（1）顺序控制与输入输出

要求：输入圆的半径，显示圆的面积。

实验步骤如下：

①在数据库窗口中，选择"模块"对象，单击"新建"按钮，打开 VBE 窗口。

②在代码窗口中输入"Area"子过程，过程 Area 代码如下：

```
Sub Area()
  Dim r As Single
  Dim s As Single
  r = InputBox("请输入圆的半径:","输入")
  s = 3.14 * r * r
  MsgBox "半径为: " + Str(r) + "时的圆面积是: " + Str(s)
End Sub
```

③运行过程 Area，在输入框中，如果输入半径为 1，则输出的结果为：_____。

④单击工具栏中的"保存"按钮，输入模块名称为"例11-5-1"，保存模块。

（2）选择控制

① 要求：编写一个过程，从键盘上输入一个数 X，如 $X \geq 0$，则输出它的算术平方根；如果 $X<0$，输出它的平方值。

实验步骤如下：

● 在数据库窗口中，双击模块"例11-5-1"，打开 VBE 窗口。

● 代码窗口中添加"prom1"子过程，过程 Prom1 代码如下：

```
Sub Prom1()
  Dim x As Single
  x = InputBox("请输入 X 的值", "输入")
  If x >= 0 Then
    y = Sqr(x)
  Else
    y = x * x
  End If
  MsgBox "x=" + Str(x) + "时 y=" + Str(y)
End Sub
```

● 运行 Prom1 过程，如果在"请输入 X 的值:"中输入:4(回车)，则结果为：_____。

● 单击工具栏中的"保存"按钮，保存模块例11-5-1。

② 要求：使用选择结构程序设计方法，编写一个子过程，从键盘上输入成绩 $X(0 \sim 100)$，如果 $X \geq 85$ 且 $X \leq 100$，则输出"优秀"；如果 $X \geq 70$ 且 $X<85$，则输出"通过"；如果 $X \geq 60$ 且 $X<70$，则输出"及格"；如果 $X<60$，则输出"不及格"。

实验步骤如下:

双击模块"例 11-5-1",进入 VBE,添加子过程"Prom2"代码如下:

```
Sub Prom2()
  num1= InputBox("请输入成绩 0～100")
  If num1 >= 85 Then
    result = "优秀"
  ElseIf num1 >= 70 Then
    result = "通过"
  ElseIf num1 >= 60 Then
    result = "及格"
  Else
    result = "不及格"
  End If
  MsgBox result
End Sub
```

反复运行过程 Prom2,输入各个分数段的值,查看运行结果,如果输入的值为 85,则输出结果是_____。

(3)循环控制

① 要求:计算 100 以内的偶数的平方根的和,要使用 Exit Do 语句控制循环。

实验步骤如下:

双击模块"例 11-5-1",进入 VBE 窗口,输入并补充完整子过程"Prom3"代码,运行该过程,最后保存模块例 11-5-1。

Prom3()过程代码如下:

```
Sub Prom3()
    Dim x As Integer
    Dim s As Single
    x = 0
    s = 0
    Do While True
      x = x + 1
      If x > 100 Then
        Exit Do
      End If
      If _____ Then
        s = s + Sqr(x)
      End If
    Loop
```

```
    MsgBox s
End Sub
```

② 要求：对输入的 10 个整数，分别统计有几个是奇数，有几个是偶数。

实验步骤如下：

双击模块 "例 11-5-1"，进入 VBE 窗口，输入并补充完整子过程 "Prom4" 代码，运行该过程，最后保存模块例 11-5-1。

Prom4()过程代码如下：

```
Sub Prom4( )
    Dim num As Integer
    Dim a As Integer
    Dim b As Integer
    Dim i As Integer
    For i= 1 To 10
       num = InputBox("请输入数据:", "输入",1)
       If _____ Then
         a = a + 1
       Else
         b = b + 1
       End If
    Next i
    MsgBox("运行结果: 奇数=" & Str(a) &",偶数=" & Str(b))
End Sub
```

例 11-6　VBA 过程、过程参数传递、变量的作用域和生存期。

（1）子过程与函数过程

① 要求：编写一个求 $n!$ 的子过程，然后调用它计算 $\sum_{n=1}^{10} n!$ 的值。

实验步骤如下：

新建一个标准模块 "例 11-6"，打开 VBE 窗口，输入以下子过程代码：

```
Sub Fac1(n As Integer, p As Long)
  Dim i As Integer
  p = 1
  For i = 1 To n
    p = p * i
  Next i
End Sub
Sub sum()
  Dim n As Integer, p As Long, s As Long
```

```
    For n = 1 To 10
      Call Fac1(n, p)
      s=s+p
    Next n
    Msgbox "结果为:" & s
End Sub
```

运行过程 sum，保存模块例 11-6。

② 要求：编写一个求 $n!$ 函数，然后调用它计算 $\sum_{n=1}^{10} n!$ 的值。

实验步骤如下：

双击标准模块"例 11-6"，打开 VBE 窗口，输入以下代码：

```
Function Fac2(n As Integer)
  Dim i As Integer, p As Long
  p = 1
  For i = 1 To n
    p = p * i
  Next i
  Fac2 = p
End Function
```

修改 sum() 过程，代码如下：

```
Sub sum()
  Dim n As Integer, s As Long
  For n = 1 To 10
    s = s + Fac2(n)
  Next n
  MsgBox "结果为:" & s
End Sub
```

运行过程 sum，理解函数过程与子过程的差别，最后保存模块例 11-6。

（2）过程参数传递、变量的作用域和生存期

① 要求：阅读下面的程序代码，理解过程中参数传递的方法。

实验步骤如下：

双击标准模块"例 11-6"，打开 VBE 窗口，输入以下程序代码：

```
Sub sum2()
  Dim x As Integer, y As Integer
  x = 10
  y = 20
  Debug.Print "1,x="; x, "y="; y
```

```
    Call add(x, y)
    Debug.Print "2,x="; x, "y="; y
End Sub
Private Sub Add(ByVal m, n)
  m = 100
  n = 200
  m = m + n
  n = 2 * n + m
End Sub
```

运行 sum2 过程，单击"视图"→"立即窗口"菜单命令，打开立即窗口，查看程序的运行结果。运行结果为＿＿＿＿＿＿＿＿＿＿＿＿＿。

② 要求：阅读下面的程序代码，理解参数传递、变量的作用域与生存期。

实验步骤如下：

新建窗体，进入窗体的设计视图，在窗体的主体节中添加一个命令按钮，记录命令按钮默认"名称"为"Command0"，单击"设计"菜单→"查看代码"按钮，进入 VBE 窗口，输入以下代码：

```
Option Compare Database
Dim x As Integer
Private Sub Form_Load()
    x = 3
End Sub
Private Sub Command0_Click()
  Static a As Integer
  Dim b As Integer
  b = x ^ 2
  Fun1 x, b
  Fun1 x, b
  MsgBox "x = " & x
End Sub
Sub Fun1(ByRef y As Integer, ByVal z As Integer)
  y = y + z
  z = y - z
End Sub
```

切换至窗体视图，单击命令按钮，观察程序的运行结果，x=＿＿＿＿＿。最后保存窗体，窗体名称为"例 11-6 窗体"。

课后练习

① 使用选择结构程序设计方法，编写一个子过程，从键盘上输入一个字符，判断输入的是大写字母、小写字母、数字，还是其他特殊字符。

② 试编一函数，删除一个字符串中的特定字符。

③ 编写一个函数，以整型数作为形参，当该参数为奇数时函数返回值为 False，而当参数为偶数时返回 True。

实验 十二

VBA 数据库访问技术

实验目的

① 掌握数据访问对象 DAO 访问数据库的方法。

② 掌握 ActiveX 数据对象 ADO 访问数据库的方法。

③ 掌握表记录显示、添加、修改、删除等编程方法。

知识要点

1. 基本概念

DAO 模型的分层结构，Workspace(s)、Database(s)、QueryDef(s)、RecordSet(s)和 Field(s)是 DBEngine 下的对象层，其下和各种对象分别对应被访问的数据库的不同部分。在程序中设置对象变量，并通过对象变量来调用访问对象方法、设置访问对象属性，这样就实现了对数据库的各项访问操作。

ADO 对象模型提供一系列组件对象供使用。不过，ADO 接口与 DAO 不同，ADO 对象无须派生，大多数对象都可以直接创建（Fields 和 Error 除外），没有对象分级结构。使用只需在程序中创建对象变量，并通过对象变量来调用访问对象方法，设置访问对象属性，这样实现对数据库的各项访问操作。

2. VBA 数据库编程

数据访问对象 DAO 连接数据库的方法；ActiveX 数据对象 ADO 连接数据库的方法。

实验示例

例 12-1 显示"学生表"第一条记录的"姓名"字段值。

实验步骤如下：

① 打开"学生成绩管理系统"数据库。

② 新建一个标准模块，打开 VBE 窗口，输入以下代码：

```
Public Sub disprecord()
    '定义对象变量
    Dim cn As New ADODB.Connection      '定义连接对象变量 cn
    Dim rs As New ADODB.Recordset       '定义记录集对象变量 rs
    Dim fd As ADODB.Field               '定义字段对象变量 fd
```

```
Dim str As String                  '定义查询字符串
'建立连接
Set cn = CurrentProject.Connection   '设置连接数据库（本地数据库）
str = "select * from 学生表"         '查询学生表
rs.Open str, cn, adOpenDynamic, adLockOptimistic  '生成记录集
Set fd = rs("姓名")                 '设置姓名字段为显示字段
Debug.Print fd.Value                '立即窗口中显示第一条记录的姓名
End Sub;
```

③ 保存模块，模块名为"例 12-1"，运行过程 disprecord，打开立即窗口，观察运行结果。

例 12-2　添加记录，要求通过如图 12-1 所示的窗体向"学生表"中添加学生记录，对应"学号"、"姓名"、"性别"和"专业"的四个文本框的名称分别为 text1、text、text3 和 text4。当单击窗体中的"添加"命令按钮（名称为 Command1）时，首先判断学号是否重复，如果不重复，则向"学生表"中添加学生记录；如果学号重复，则给出提示信息。

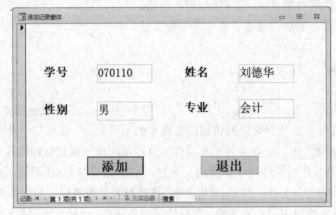

图 12-1　添加记录窗体

实验步骤如下：

① 新建窗体，在窗体设计视图中的主体节中添加 4 个标签，4 个文本框，2 个命令按钮，如图 12-1 所示。

② 记录下 4 个文本框的默认对象名称分别为 text1、text2、text3、text4。2 个命令按钮对象名称分别为 command1、command2。

③ 打开代码窗口，输入并补充完整以下代码：

```
Private Sub Command1_Click()                ' 增加学生记录
  Dim ADOcn As New ADODB.Connection
  Dim strSQL As String
  Dim ADOrs As New ADODB.Recordset
  dm$ = Chr(34)                             '产生双引号
  strSQL = "Select 学号 From 学生表 Where 学号= " + dm + Text1 + dm
  Set ADOcn = CurrentProject.Connection     ' 连接 Access 数据库
```

```
    ADOrs.Open strSQL, ADOcn, adOpenDynamic, adLockOptimistic
    If Not ADOrs.BOF Then              ' 如果该学号的学生记录已经存在，则显示提示信息
        MsgBox "你输入的学号已存在，不能增加！"
    Else
        strSQL = "Insert Into 学生表(学号,姓名,性别,专业) "      ' 增加新学生的记录
        strSQL = strSQL + "Values(" + dm + Text1 + dm + "," + dm + Text2 + dm + ","
+ dm + Text3 + dm + "," + dm + Text4 + dm + ")"
        ADOcn.Execute strSQL
        MsgBox "添加成功，请继续！"
    End If
    ADOrs.Close
    Set ADOrs = Nothing
End Sub
Private Sub Command2_Click()              '关闭窗体
    DoCmd.Close
End Sub
```

④ 保存窗体，窗体名称为"添加记录窗体"，切换至窗体视图，在相应的文本框中输入新的学生信息，包括学号、姓名、性别、专业（学号在学生表中不存在，其他不能空），单击"添加"按钮，打开学生表，观察程序的运行结果，再输入一个已有的学生信息（学号在学生表中已存在），单击"添加"按钮，观察程序的运行结果。注意文本框中不要空值。

例12-3　记录修改，将成绩表中期末成绩小于 60 分的期末成绩加 5 分。

实验步骤如下：

① 打开"学生成绩管理系统"数据库。

② 引用 DAO 对象。新建模块，打开 VBE 窗口，选择"工具"→"引用"菜单命令，滚动列表，直到找到"Microsoft DAO 3.6 Object Library"，勾选，单击"确定"按钮，返回 Access。

③ 新建标准模块，创建过程 Add()，并输入如下代码：

```
Public Sub add()
'定义对象变量
    Dim ws As Workspace
    Dim db As Database
    Dim rs As Recordset
    Dim fd As Field
'设置对象变量的值
    Set ws = DBEngine.Workspaces(0)
    Set db = CurrentDb()
    Set rs = db.OpenRecordset("成绩表")
    Set fd = rs.Fields("期末")      '设置期末字段的引用
```

```
'处理每条记录
    Do While Not rs.EOF
        rs.Edit          '设置为编辑状态
        If fd < 60 Then
            fd = fd + 5  '成绩加 5 分
        End If
        rs.Update        '更新记录集,保存所做的修改
        rs.MoveNext      '记录指针下移
    Loop
'关闭并回收对象变量
    rs.Close
    db.Close
    Set rs = Nothing
    Set db = Nothing
End Sub
```

④ 保存标准模块,模块名称为"例 12-3",单击运行菜单中运行子过程/用户窗体命令项,运行子过程 Add(),打开成绩表,观察期末成绩变化情况。

例12-4 记录删除,要求输入学号,删除"学生表"中学号对应的学生记录,如输入的学号不存在,给出提示信息。

实验步骤如下:

① 打开"学生成绩管理系统"数据库。

② 新建标准模块,创建过程 Delrecord(),并输入如下代码:

```
Public Sub delrecord()
    Dim ADOcn As New ADODB.Connection
    Dim strSQL As String
    Dim ADOrs As New ADODB.Recordset
    dm$ = Chr(34)                              '产生双引号
    num$ = InputBox("请输入删除学生学号? ")
    strSQL = "Select 学号 From 学生表 Where 学号= " + dm + num + dm
    Set ADOcn = CurrentProject.Connection      ' 连接 Access 数据库
    ADOrs.Open strSQL, ADOcn, adOpenDynamic, adLockOptimistic
    If ADOrs.BOF Then                          ' 如果该学号的学生记录不存在,则显示提示信息
        MsgBox "你输入的学号不存在,不能删除! "
    Else
        ADOrs.Delete
        MsgBox "删除成功"
    End If
```

```
  ADOrs.Close
  Set ADOrs = Nothing
End Sub
```

③ 保存标准模块，模块名称为"例 12-4"，单击运行菜单中运行子过程/用户窗体命令项，运行子过程 Delrecord()，打开学生表，观察学生记录变化情况。

课后练习

① 在图书管理系统中，参考例 12-2 添加图书信息。

② 输入读者编号，删除读者信息。

③ 在图书类别中，将专业类书籍的借出天数改为 90 天。

以上各题需用 VBA 编程完成。

实验  应用系统开发实例

实验目的

① 掌握应用系统开发的基本方法。
② 掌握控制面板窗体设计过程。
③ 掌握各功能窗体的设计方法。
④ 掌握启动窗体的设置。

知识要点

① 在窗体设计视图下，设计窗体的方法。
② 各类查询的设计方法。
③ 报表的设计方法。
④ 宏的设计。

实验示例

1. 学生成绩管理系统总体设计

学生成绩管理系统总体设计如图 13-1 所示，分为信息录入、信息查询、报表打印 3 个主要模块。本次实验介绍各控制窗体设计步骤以及各功能窗体的设计方法。

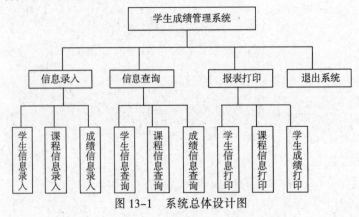

图 13-1　系统总体设计图

2. 控制面板窗体设计

主窗体如图 13-2 所示，设计步骤如下：

图 13-2　主窗体运行效果图

①打开窗体设计视图。

②打开窗体属性对话框，将属性记录选择器、导航按钮的值均设置为否。

③按图 13-2 的样式，在窗体窗口中，分别添加相应的控件并调整各控件相应的位置，设置标题、字体名称、大小等属性，使其界面美观。本例中使用了 1 个标签、4 个命令按钮、1 个图像框、1 个矩形框控件。

④打开宏设计器，建立名为"主窗体运行宏"的子宏，如图 13-3 所示。该子宏中前 3 个宏分别打开信息录入、信息查询、报表打印 3 个二级控制面板窗体，最后一个宏为退出数据库的操作 Quit。

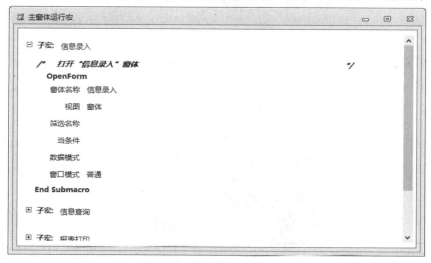

图 13-3　主窗体中运行的宏

⑤设置各命令按钮的单击事件对应到相应的宏命令，如信息录入所对应命令按钮的单击事件设置为主窗体运行宏.信息录入，如图 13-4 所示。其他 3 个命令按钮也按此方法分别设置其单击事件。保存该窗体为主窗体。

属性表

所选内容的类型: 命令按钮

命令1

格式 数据 事件 其他 全部

单击	主窗体运行宏.信息录入
获得焦点	
失去焦点	
双击	
鼠标按下	
鼠标释放	
鼠标移动	
键按下	
键释放	

图 13-4　命令按钮单击属性设置

⑥系统二级控制面板窗体的创建与主窗体的建立方法类似,其运行效果如图 13-5~图 13-7 所示。

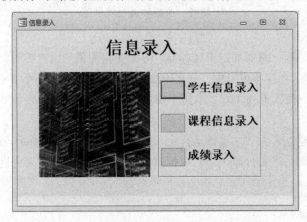

图 13-5　"信息录入"窗体的运行效果图

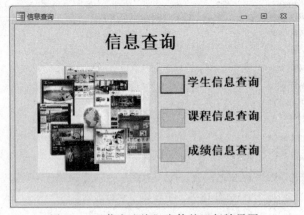

图 13-6　"信息查询"窗体的运行效果图

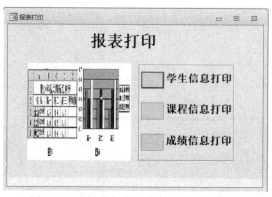

图 13-7 "报表打印"窗体的运行效果图

这些二级控制面板窗体的命令按钮相对应的宏命令设置如图 13-8 所示。通过 Openform、OpenReport 等宏命令打开对应的功能窗体和报表预览视图。这些功能窗体的设计方法在前面的实验中都有介绍，限于篇幅，在此不做一一说明。

在"成绩录入"对应的命令按钮中，选择单击事件运行宏"二级控制窗体使用的宏.成绩录入"，打开如图 13-9 所示"成绩录入"窗体。

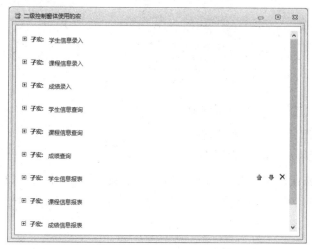

图 13-8 二级控制面板窗体使用的宏   图 13-9 "成绩录入"窗体设计视图

3．功能窗体设计举例

"成绩录入"窗体设计步骤如下：

①打开窗体设计视图，设计如图 13-9 所示的窗体。窗体中有一个标签、一个文本框（text0）、一个命令按钮（command1）。保存窗体，取名为"成绩录入"。

②打开查询设计视图，选择追加查询类。以学生表、课程表为数据源，追加记录到成绩表中。在课程号字段下输入选择条件[forms]![成绩录入]![text0]，如图 13-10 所示。保存查询，取名为"追加课程至成绩表"。

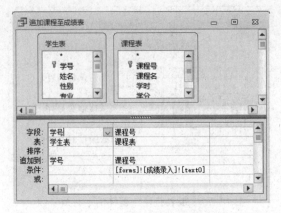

图 13-10　追加查询设计视图

③打开查询设计视图，设计选择查询。以学生表、成绩表、课程表为数据源，在课程号字段下输入选择条件[forms]![成绩录入]![text0]，设计视图如图 13-11 所示。保存查询，取名为"成绩录入"。

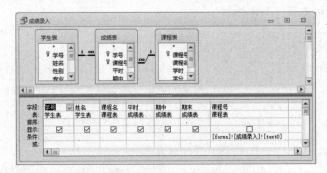

图 13-11　成绩录入查询设计视图

④以"成绩录入"查询为数据源，设计表格式窗体，该窗体进行成绩录入，设计视图如图 13-12所示。保存窗体，取名为"录入成绩"。窗体主体部分绑定查询中的字段，计算字段输入表达式：[平时]*0.1+[期中]*0.2+[期末]*0.7，计算总评成绩。

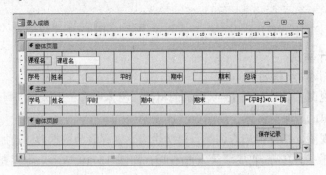

图 13-12　"录入成绩"窗体设计视图

⑤打开宏设计器，设计视图如图 13-13 所示。第一个宏命令打开追加查询，第二宏命令打开"录入成绩"窗体。

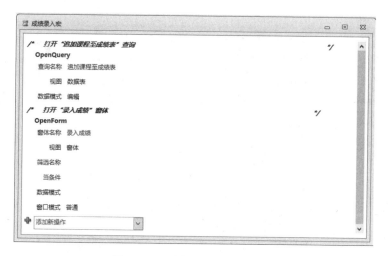

图 13-13 成绩录入宏设计视图

⑥打开第①步设计的"成绩录入"窗体，弹出"确定"命令按钮的属性对话框，响应单击事件执行"成绩录入宏"。运行窗体，输入课程号，如 B01，按"确定"按钮，弹出"成绩录入"窗体，运行效果如图 13-14 所示。

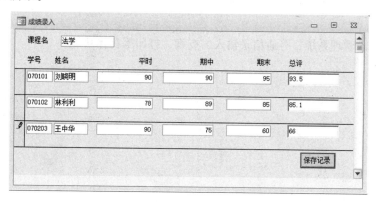

图 13-14 "成绩录入"窗体运行效果图

4．设置数据库启动窗体

设置学生成绩管理系统的启动窗体，步骤如下：

①单击"文件"菜单"选项"子菜单项，弹出"Access 选项"对话框，选择"当前数据库"选项卡，如图 13-15 所示。

②在应用程序标题文本框中输入商品销售管理系统，显示窗体下拉列表框中选定主窗体运行界面，如图 13-15 所示，选定应用程序图标后，单击"确定"按钮完成启动窗口的设置。

设置好启动窗口后，当打开学生成绩管理系统数据库时，将自动弹出主窗体。

③设置应用程序标题为学生成绩管理系统，显示窗体/页为主窗体运行界面。

④单击"确定"按钮完成启动窗体的设置。

设置好启动窗体后，进入学生成绩管理系统时，系统将自动单击退出主窗体。

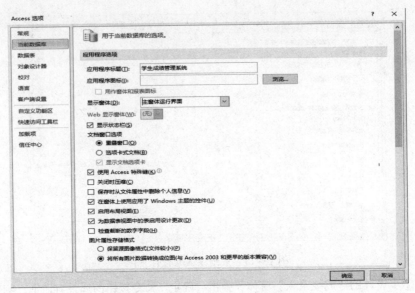

图 13-15 "Access 选项"对话框

实验习题

设计个人通信录管理系统，有通信录输入、查询、打印等具体功能。

第二部分
习　题

　　本部分习题与教材中的各章相配套，包括数据库基础、数据库与表、数据查询、窗体、报表、宏的创建与使用等章节的概念习题和实践习题，题型有单选题和填空题，并附有答案。

　　习题采用了大量的历届等级考试 Access 二级试题，为了配合教学，以及提高学生对知识点的理解和操作应用能力，学生可以通过练习来理解相关知识点的概念，掌握 Access 数据库软件中各对象的特点与作用、操作要点。

习题一　数据库基础

一、选择题

1. 下列（　　）不是常用的数据模型。

　　A. 层次模型　　　　　　B. 网状模型　　　　　C. 概念模型　　　　　D. 关系模型

2. 下列不是关系模型术语的是（　　）。

　　A. 元组　　　　　　　　B. 变量　　　　　　　C. 属性　　　　　　　D. 分量

3. 下列不是关系数据库术语的是（　　）。

　　A. 记录　　　　　　　　B. 字段　　　　　　　C. 数据项　　　　　　D. 模型

4. 关系数据库中的表不必具有的性质是（　　）。

　　A. 数据项不可再分　　　　　　　　　　　　B. 同一列数据项要具有相同的数据类型

　　C. 记录的顺序可以任意排列　　　　　　　　D. 字段的顺序不能任意排列

5. 下列（　　）不是数据库系统的组成部分。

　　A. 说明书　　　　　　　B. 数据库　　　　　　C. 软件　　　　　　　D. 硬件

6. 已知某一数据库中有两个数据表，它们的主键与外键是一对多的关系，这两个表若要建立关联，则应该建立（　　）的永久联系。

　　A. 一对一　　　　　　　B. 多对多　　　　　　C. 一对多　　　　　　D. 多对一

7. 已知某一数据库中有两个数据表，它们的主键与外键是一对一的关系，这两个表若要建立关联，则应该建立（　　）的永久联系。

　　A. 一对一　　　　　　　B. 多对多　　　　　　C. 一对多　　　　　　D. 多对一

8. 已知某一数据库中有两个数据表，它们的主键与外键是多对一的关系，这两个表若要建立关联，则应该建立（　　）的永久联系。

　　A. 一对多　　　　　　　B. 一对一　　　　　　C. 多对多　　　　　　D. 多对一

9. 属性的集合表示一种实体的类型，称为（　　）。

　　A. 实体　　　　　　　　B. 实体集　　　　　　C. 实体型　　　　　　D. 属性集

10. DB、DBS 和 DBMS 三者之间的关系是（　　）。

　　A. DB 包含 DBS 和 DBMS　　　　　　　　B. DBS 包含 DB 和 DBMS

　　C. DBMS 包含 DB 和 DBS　　　　　　　　D. 三者关系是相等的

11. 数据库系统的核心是（　　）。

　　A. 软件工具　　　　　　B. 数据模型　　　　　C. 数据库管理系统　　D. 数据库

12. 下面关于数据库系统的描述中，正确的是（　　）。

　　A. 数据库系统中数据的一致性是指数据类型的一致性

    B. 数据库系统比文件系统能管理更多的数据

    C. 数据库系统减少了数据冗余

    D. 数据库系统避免了一切冗余

13. 关系数据库的数据及更新操作必须遵循（　　　　）等完整性规则。

    A. 参照完整性和用户定义的完整性

    B. 实体完整性、参照完整性和用户定义的完整性

    C. 实体完整性和参照完整性

    D. 实体完整性和用户定义的完整性

14. 规范化理论中分解（　　　　）主要是消除其中多余的数据相关性。

    A. 外模式　　　　　　　B. 视图　　　　　　　C. 内模式　　　　　　　D. 关系运算

15. 在关系数据库中，用来表示实体之间联系的是（　　　　）。

    A. 二维表　　　　　　　B. 线性表　　　　　　C. 网状结构　　　　　　D. 树状结构

16. 数据模型所描述的内容包括 3 部分，它们是（　　　　）。

    A. 数据结构　　　　　　B. 数据操作　　　　　C. 数据约束　　　　　　D. 以上答案都正确

17. 关系数据库管理系统能实现的专门关系运算包括（　　　　）。

    A. 关联、更新、排序　　　　　　　　　　　B. 显示、打印、制表

    C. 排序、索引、统计　　　　　　　　　　　D. 选择、投影、连接

18. 支持数据库各种操作的软件系统称为（　　　　）。

    A. 数据库系统　　　　　B. 操作系统　　　　　C. 数据库管理系统　　　D. 文件系统

19. 关于数据库系统的特点，下列说法正确的是（　　　　）。

    A. 数据的集成性　　　　　　　　　　　　　B. 数据的高共享性与低冗余性

    C. 数据的统一管理与控制　　　　　　　　　D. 以上说法都正确

20. 关于数据模型的基本概念，下列说法正确的是（　　　　）。

    A. 数据模型是表示数据本身的一种结构

    B. 数据模型是表示数据之间关系的一种结构

    C. 数据模型是指客观事物及其联系的数据描述，具有描述数据和数据联系两方面的功能

    D. 模型是指客观事物及其联系的数据描述，它只具有描述数据的功能

21. 用面向对象观点来描述现实世界中实体的逻辑组织、对象之间的限制与联系等的模型称为
（　　　　）。

    A. 层次模型　　　　　　B. 关系数据模型　　　C. 网状模型　　　　　　D. 面向对象模型

22. 层次模型采用（　　　　）结构表示各类实体以及实体之间的联系。

    A. 树状　　　　　　　　B. 网状　　　　　　　C. 星状　　　　　　　　D. 二维表

23. （　　　　）模型具有数据描述一致、模型概念单一的特点。

    A. 层次　　　　　　　　B. 网状　　　　　　　C. 关系　　　　　　　　D. 面向对象

24. 下列数据模型中，出现得最早的是（　　　　）。

    A. 层次数据模型　　　　　　　　　　　　　B. 网状数据模型

    C. 关系数据模型　　　　　　　　　　　　　D. 面向对象数据模型

25. 下列不属于关系的 3 类完整性约束的是（　　　　）。

A．实体完整性　　　　　B．参照完整性　　　　C．约束完整性　　　　D．用户定义完整性

26．下列不是关系的特点的是（　　）。

A．关系必须规范化

B．在同一个关系中不能出现相同的属性名

C．关系中不允许有完全相同的元组，元组的次序无关紧要

D．关系中列的次序至关重要，不能交换两列的位置

27．传统的集合运算不包括（　　）。

A．并　　　　　　　　　B．差　　　　　　　　C．交　　　　　　　　D．乘

28．投影是从列的角度进行的运算，相当于对关系进行（　　）。

A．纵向分解　　　　　　B．垂直分解　　　　　C．横向分解　　　　　D．水平分解

29．数据库管理系统的英文简写是（　　），数据库系统的英文简写是（　　）。

A．DBS；DBMS　　　　B．DBMS；DBS　　　　C．DBMS；DB　　　　D．DB；DBS

30．下列选项中，不属于数据范围的是（　　）。

A．文字　　　　　　　　B．图形　　　　　　　C．图像　　　　　　　D．动画

31．存储在计算机存储设备中的、结构化的相关数据的集合是（　　）。

A．数据处理　　　　　　B．数据库　　　　　　C．数据库系统　　　　D．数据库应用系统

32．关系型数据库管理系统中，所谓的关系是指（　　）。

A．各条记录中的数据彼此有一定的关系

B．一个数据库文件与另一个数据库文件之间有一定的关系

C．数据模型满足一定条件的二维表格式

D．数据库中各字段之间有一定的关系

33．如果一个关系进行了一种关系运算后得到了一个新的关系，而且新的关系中属性的个数少于原来关系中属性的个数，这说明所进行的关系运算是（　　）。

A．投影　　　　　　　　B．连接　　　　　　　C．并　　　　　　　　D．选择

34．关于查询操作的运算，下列说法正确的是（　　）。

A．传统的集合运算　　　　　　　　　B．专门的关系运算

C．附加的关系运算　　　　　　　　　D．以上答案都正确

35．在关系数据库设计中经常存在的问题是（　　）。

A．数据冗余　　　　　　　　　　　　B．插入异常

C．删除异常和更新异常　　　　　　　D．以上答案都正确

36．下列关于数据的说法中，正确的是（　　）。

A．数据是指存储在某一种媒体上能够识别的物理符号

B．数据只是用来描述事物特性的数据内容

C．数据中包含的内容是数据、字母、文字和其他特殊字符

D．数据就是文字数据

37．为数据库的建立、使用和维护而配置的软件称为（　　）。

A．数据库应用系统　　B．数据库管理系统　　C．数据库系统　　　D．以上都不是

38．实体之间的对应关系称为联系，两个实体之间的联系可以归纳为 3 种，下列联系不正确的是

（　　）。

    A. 一对一联系　　　　B. 一对多联系　　　　C. 多对多联系　　　　D. 一对二联系

39. 对于关系模型与关系模式的关系，下列说法正确的是（　　）。

    A. 关系模型就是关系模式

    B. 一个具体的关系模型由若干个关系模式组成

    C. 一个具体的关系模式由若干个关系模型组成

    D. 一个关系模型对应一个关系模式

40. 下列选项中，不属于数据库系统组成部分的是（　　）。

    A. 数据库　　　　　　B. 用户应用　　　　C. 数据库管理系统　　D. 实体

41. （　　）运算需要两个关系作为操作对象。

    A. 选择　　　　　　　B. 投影　　　　　　C. 连接　　　　　　D. 以上都不正确

42. 数据规范化设计的要求是应该保证所有数据表都能满足（　　），力求绝大多数数据表满足（　　）。

    A. 第一范式；第二范式　　　　　　　　B. 第二范式；第三范式

    C. 第三范式；第四范式　　　　　　　　D. 第四范式；第五范式

二、填空题

1. _____是数据库系统研究和处理的对象，本质上讲是描述事物的符号记录。

2. 数据模型是数据库系统的_____。

3. _____通常是指带有数据库的计算机应用系统。

4. 表中的每一_____是不可再分的，是最基本的数据单位。

5. 表中每一记录的顺序可以_____。

6. 数据库的性质是由其依赖的_____所决定的。

7. 关系数据库是由若干个完成关系模型设计的_____组成的。

8. 每一个记录由若干个以_____加以分类的数据项组成。

9. 一个_____标志一个独立的表文件。

10. 在关系数据库中，各表之间可以相互关联，表之间的这种联系是依靠每一个独立表内部的_____建立的。

11. 关系数据库具有高度的数据和程序的_____。

12. 硬件环境是数据库系统的物理支撑，它包括相当速率的CPU、足够大的内存空间、足够大的_____，以及配套的输入、输出设备。

13. 数据是数据库的基本内容，数据库又是数据库系统的管理对象，因此，数据是数据库系统必不可少的_____。

14. 数据规范化的基本思想是逐步消除数据依赖关系中不合适的部分，并使依赖于同一个数据模型的数据达到_____。

15. 表设计的好坏直接影响数据库_____的设计及使用。

16. 数据库管理系统是位于_____之间的软件系统。

17. _____用于将两个关系中的相关元组组合成单个元组。

18. 数据库管理系统是一个帮助用户创建和管理数据库的应用程序的_____。

19. ＿＿＿＿＿＿是指系统开发人员利用数据库系统资源开发的面向某一类实际应用的软件系统。

20. ＿＿＿＿＿＿是指客观存在并相互区别的事物。

21. ＿＿＿＿＿＿的主要目的是有效地管理和存取大量的数据资源。

22. 数据模型应具有＿＿＿＿＿＿和＿＿＿＿＿＿两方面功能。

23. 在数据库中，应为每个不同主题建立＿＿＿＿＿＿。

24. 二维表中垂直方向的列称为＿＿＿＿＿＿。

25. ＿＿＿＿＿＿对数据库的理论和实践产生了很大的影响，已成为当今最流行的数据库模型。

26. 传统的集合运算包含＿＿＿＿＿＿、＿＿＿＿＿＿和＿＿＿＿＿＿。

27. ＿＿＿＿＿＿的过程就是按不同的范式，将一个二维表不断地分解成多个二维表，并建立表之间的关联，最终达到一个表只描述一个实体或者实体间的一种联系的目标。

28. 实体之间的对应关系称为＿＿＿＿＿＿，它反映现实世界事物之间的相互关联。

29. ＿＿＿＿＿＿是指在关系模式中指定若干属性组成新的关系。

30. 最常用的连接运算是＿＿＿＿＿＿。

31. 连接是关系的＿＿＿＿＿＿结合。

32. 关系型数据库中最普遍的联系是＿＿＿＿＿＿。

33. 连接运算需要＿＿＿＿＿＿个表作为操作对象。选择和投影运算的操作对象是＿＿＿＿＿＿个表。

34. 数据库的英文简写是＿＿＿＿＿＿。

35. 关系的基本运算可以分为＿＿＿＿＿＿和＿＿＿＿＿＿两类。

36. ＿＿＿＿＿＿是针对某一具体关系数据库的约束条件，它反映某一具体应用所涉及的数据必须满足的语义要求。

37. 实体间的联系可分为＿＿＿＿＿＿、＿＿＿＿＿＿和＿＿＿＿＿＿3种。

38. ＿＿＿＿＿＿是指基本关系的主属性，即主码的值都不能取空值。

39. 一个基本关系对应于现实世界中的一个＿＿＿＿＿＿。

40. 在关系数据库应用系统的开发过程中，＿＿＿＿＿＿是核心和基础。

习题二　数据库与表

一、选择题

1. Access 的数据库模型是（　　　）。
   A. 层次数据库　　　B. 网状数据库　　　　　C. 关系数据库　　　　D. 面向对象数据库

2. Access 2010 数据库文件的扩展名是（　　　）。
   A. .accdb　　　B. .exe　　　　　　C. .mdb　　　　　D. .doc

3. 不是 Office 应用程序组件的软件是（　　　）。
   A. Oracle　　　B. Excel　　　　　C. Word　　　　　D. Access

4. Access 能处理的数据包括（　　　）。
   A. 数字　　　　　　　　　　　　B. 文字
   C. 图片、动画、音频　　　　　　D. 以上均可以

5. 在数据库管理系统中，数据存储在（　　）中。
   A. 窗体　　　B. 报表　　　　　C. 数据表　　　　D. 窗体

6. 在数据库管理系统中，若要打印输出数据，应通过（　　）对象。
   A. 窗体　　　B. 报表　　　　　C. 表　　　　　D. 查询

7. 关系数据库中的关键字是指（　　　）。
   A. 能唯一决定关系的字段　　　　B. 不可改动的专用保留字
   C. 关键的很重要的字段　　　　　D. 能唯一标识元组的属性或属性集合

8. OLE 对象数据类型字段所嵌入的数据对象的数据存放在（　　　）。
   A. 数据库中　　　B. 外部文件中　　　C. 最初的文档中　　　D. 以上都是

9. 下列不能启动 Access 的操作是（　　　）。
   A. 选择"开始"→"所有程序"→Microsoft Office Access 命令
   B. 双击桌面上的 Access 快捷方式图标
   C. 单击以.accdb 为扩展名的数据库文件
   D. 右击以.accdb 为扩展名的数据库文件，在弹出的快捷菜单中选择"打开"命令

10. Access 数据库中（　　）对象是其他数据库对象的基础。
    A. 报表　　　B. 表　　　　　C. 窗体　　　　D. 模块

11. 在 Access 中，用户可以利用（　　）操作按照不同的方式查看、更改和分析数据，形成所谓的动态的数据集。
    A. 窗体　　　B. 报表　　　　　C. 查询　　　　D. 模块

12. （　　）是数据信息的主要表现形式，用于创建表的用户界面，是数据库与用户之间的主要

接口。

    A. 窗体   B. 报表   C. 查询   D. 模块

13. （   ）可以使某些普通的、需要多个指令连续执行的任务能够通过一条指令自动完成。

    A. 报表   B. 查询   C. 数据访问页   D. 宏

14. （   ）是将 VBA 的声明和过程作为一个单元进行保存的集合，即程序的集合。

    A. 查询   B. 报表   C. 宏   D. 模块

15. 在 Access 中，在数据表视图下显示表时，记录行左侧标记的黑色三角形表示该记录是（   ）。

    A. 首记录   B. 末尾记录   C. 当前记录   D. 新记录

16. 在 Access 中，对数据表的结构进行操作，应在（   ）视图下进行。

    A. 文件夹   B. 设计   C. 数据表   D. 查询

17. 在 Access 中，对数据表进行修改，以下各操作在数据表视图和设计视图下都可以进行的是（   ）。

    A. 修改字段类型   B. 重命名字段   C. 输入数据   D. 改变字段大小长度

18. 一个字段由（   ）组成。

    A. 字段名称   B. 数据类型   C. 字段属性   D. 以上都是

19. 使用表设计器定义表中的字段时，不是必须设置的内容是（   ）。

    A. 字段名称   B. 数据类型   C. 说明   D. 字段属性

20. 如果想在已建立的表的数据表视图中直接显示出姓"李"的记录，应使用 Access 提供的（   ）。

    A. 筛选功能   B. 排序功能   C. 查询功能   D. 报表功能

21. 邮政编码是由 6 位数字组成的字符串，为邮政编码设置输入掩码，正确的是（   ）。

    A. 000000   B. 999999   C. CCCCCC   D. LLLLLL

22. 如果字段内容为声音文件，则该字段的数据类型应定义为（   ）。

    A. 文本   B. 备注   C. 超链接   D. OLE 对象

23. 要求主表中没有相关记录时就不能将记录添加到相关表中，则应该在表关系中设置（   ）。

    A. 参照完整性   B. 有效性规则

    C. 输入掩码级联   D. 更新相关字段

24. 如果一张数据表中含有 Excel 表格，则保存表格的字段数据类型应是（   ）。

    A. OLE 对象型   B. 附件型

    C. 查阅向导型   D. 备注型

25. 在 Access 中，一个表最多可以建立（   ）个主键。

    A. 1   B. 2   C. 3   D. 任意

26. 如果要在一对多关系中，修改一方的原始记录后，另一方立即更改，应设置（   ）。

    A. 实施参照完整性   B. 级联更新相关记录

    C. 级联删除相关记录   D. 以上都不是

27. 选定表中所有记录的方法是（   ）。

    A. 选定第 1 个记录

    B. 选定最后一个记录

    C. 任意选定一个记录

    D. 选定第 1 个记录，按住【Shift】键，选定最后一个记录

28. 排序时如果选取了多个字段，则结果是（　　　　）。

    A. 按照最左边的列排序　　　　　　　　B. 按照最右边的列排序

    C. 按照从左向右的次序依次排序　　　　D. 无法进行排序

29. 在 Access 中文版中，若以升序来排序，以下排序记录所依据的规则中，错误的是（　　　　）。

    A. 中文按拼音字母的顺序排序

    B. 数字由小到大排序

    C. 英文按字母顺序排序，小写在前，大写在后

    D. 任何含有空字段值的记录将排在列表的第 1 条

30. （　　　　）可以唯一地标识表中的每一条记录，它可以是一个字段，也可以是多个字段的组合。

    A. 索引　　　　　　B. 排序　　　　　　C. 主关键字　　　　　　D. 次关键字

31. 在显示数据表时，某些列的内容不想显示又不能删除，可以对其进行（　　　　）。

    A. 剪切　　　　　　B. 隐藏　　　　　　C. 冻结　　　　　　D. 移动

32. 使用（　　　　）字段类型创建新的字段，可以使用列表框或组合框从另一个表或值列表中选择一个值。

    A. 超链接　　　　　B. 自动编号　　　　C. 查阅向导　　　　D. OLE 对象

33. 表的组成内容包括（　　　　）。

    A. 查询和字段　　　B. 字段和记录　　　C. 记录和窗体　　　D. 报表和字段

34. 在数据表视图中，不能（　　　　）。

    A. 修改字段的类型　　　　　　　　　　B. 修改字段的名称

    C. 删除一个字段　　　　　　　　　　　D. 删除一条记录

35. 筛选表达式：1（　　　　）3 可以找至 103，113，123。

    A. !　　　　　　　　B. -　　　　　　　　C. #　　　　　　　　D. ?

36. 在 Access 数据库的表设计视图中，不能进行的操作是（　　　　）。

    A. 修改字段类型　　B. 设置索引　　　　C. 增加字段　　　　D. 删除记录

37. "教学管理"数据库中有学生表、课程表和选课表，为了有效地反映这三张表中数据之间的联系，在创建数据库时应设置（　　　　）。

    A. 默认值　　　　　B. 有效性规则　　　C. 索引　　　　　　D. 表之间的关系

38. 若设置字段的输入掩码为"####-######"，该字段正确的输入数据是（　　　　）。

    A. 0755-123456　　　　　　　　　　　　B. 0755-abcdef

    C. abcd-123456　　　　　　　　　　　　D. ####-######

39. 对数据表进行筛选操作，结果是（　　　　）。

    A. 只显示满足条件的记录，将不满足条件的记录从表中删除

    B. 显示满足条件的记录，并将这些记录保存在一个新表中

    C. 只显示满足条件的记录，不满足条件的记录被隐藏

    D. 将满足条件的记录和不满足条件的记录分为两个表进行显示

40. 在 Access 中，参照完整性规则不包括（　　　　）。

    A. 更新规则　　　　B. 查询规则　　　　C. 删除规则　　　　D. 插入规则

41. 在数据库中，建立索引的主要作用是（   ）。
    A. 节省存储空间   B. 提高查询速度   C. 便于管理   D. 防止数据丢失

42. 在学生表中要查找所有年龄小于 20 岁且姓王的男生，应采用的关系运算是（   ）。
    A. 选择   B. 投影   C. 连接   D. 比较

43. 下列选项中，不属于 Access 数据类型的是（   ）。
    A. 数字   B. 文本   C. 报表   D. 时间/日期

44. 下列关于 OLE 对象的叙述中，正确的是（   ）。
    A. 用于输入文本数据   B. 用于处理超链接数据
    C. 用于生成自动编号数据   D. 用于链接或内嵌 Windows 支持的对象

45. 在关系窗口中，双击两个表之间的连接线，会出现（   ）。
    A. 数据表分析向导   B. 数据关系图窗口
    C. 连接线粗细变化   D. 编辑关系对话框

46. 下列对数据输入无法起到约束作用的是（   ）。
    A. 输入掩码   B. 有效性规则   C. 字段名称   D. 字段长度

47. Access 中，设置为主键的字段（   ）。
    A. 不能设置索引   B. 可设置为"有（有重复）"索引
    C. 系统自动设置索引   D. 可设置为"无"索引

48. 若要求在文本框中输入文本时达到密码"*"的显示效果，则应该设置的属性是（   ）。
    A. 默认值   B. 有效性文本   C. 输入掩码   D. 密码

49. 在 Access 表中，（   ）不可以定义为主键。
    A. 自动编号   B. 单字段   C. 多字段   D. OLE 对象型

50. 关于索引，叙述错误的是（   ）。
    A. 索引越多越好   B. 一个索引可以由一个或多个字段组成
    C. 可提高查询效率   D. 主索引不能为空，不能重复

51. （   ）属性可以防止非法数据输入到表中。
    A. 有效性规则   B. 有效性文本   C. 索引   D. 显示控件

52. 可以设置"字段大小"属性的数据类型是（   ）。
    A. 备注   B. 日期/时间   C. 文本   D. 上述皆可

53. 如果一个字段在多数情况下取一个固定的值，可以将这个值设置成字段的（   ）。
    A. 关键字   B. 默认值   C. 有效性文本   D. 输入掩码

54. 在对某字符型字段进行升序排序时，假设该字段存在如下 4 个值："100"、"22"、"18"和"3"，则最后排序结果是（   ）。
    A. "100"、"22"、"18"、"3"   B. "3"、"18"、"22"、"100"
    C. "100"、"18"、"22"、"3"   D. "18"、"100"、"22"、"3"

55. 在对某字符型字段进行升序排序时，假设该字段存在如下 4 个值："中国"、"美国"、"俄罗斯"和"日本"，则最后排序结果是（   ）。
    A. "中国"、"美国"、"俄罗斯"、"日本"   B. "俄罗斯"、"日本"、"美国"、"中国"
    C. "中国"、"日本"、"俄罗斯"、"美国"   D. "俄罗斯"、"美国"、"日本"、"中国"

56. 在一张"学生"表中，要使"年龄"字段的取值在 14～50 之间，则在"有效性规则"属性框中输入的表达式为（　　　）。

    A. >=14 AND <=50　　　　　　　　B. >=14 OR <=50

    C. >=50 AND <=14　　　　　　　　D. >=14 &&<=50

57. 某数据库的表中要添加 Internet 站点的网址，则应该采用的字段的数据类型是（　　　）。

    A. OLE 对象数据类型　　　　　　　B. 超链接数据类型

    C. 查询向导数据类型　　　　　　　D. 自动编号数据类型

58. 以下字符串不符合 Access 字段命名规则的是（　　　）。

    A. ahcdefghuklmnopqrstuvyi1234567890　　B. [S3v]Yatohiaf

    C. Name@ china 中国　　　　　　　D. 浙江_宁波

二、填空题

1. Access 是_____系列应用软件的一个重要组成部分。

2. 一个 Access 数据库文件中包含 6 种数据库对象，分别是_____、_____、_____、_____、_____和_____。

3. Access 是一个_____数据库管理系统。

4. 数据库对象的_____对象可用来简化数据库的操作。

5. 数据库文件的默认存放位置是_____。

6. Access 2010 所提供的 6 种数据库对象都存储在同一个以_____为扩展名的数据库文件中。

7. 同一时间，Access 可以打开_____个数据库。

8. _____是 Access 数据库设计的基础，是存储数据的地方。

9. 数据表由_____和_____组成。

10. 一个_____就是数据表中的一列。

11. 一个_____就是数据表中的一行。

12. 在 Access 中，报表中的数据源主要来自_____、_____或_____。

13. 模块对象是用_____代码编写的。

14. 在向数据库中输入数据时，若要求所输入的字符必须是字母，则应该设置的输入掩码是_____。

15. 在数据库技术中，实体集之间的联系可以是一对一、一对多或者多对多的，那么"学生"和"可选课程"的联系为_____。

16. 人员基本信息一般包括：身份证号、姓名、性别、年龄等。其中可以做主关键字的是_____。

17. 在 Access 2010 中，表有四种视图，即_____视图和_____视图、数据透视图、数据透视表。

18. 如果字段的取值只有两种可能，字段的数据类型应选用_____类型。

19. _____是数据表中其值能唯一标识一条记录的一个字段或多个字段组成的一个组合。

20. 如果字段的值只能是 4 位数字，则该字段的输入掩码的定义应为_____。

21. 对表的修改分为对_____的修改和对_____的修改。

22. 当冻结某个或某些字段后，无论怎么水平滚动窗口，这些被冻结的字段列总是固定可见的，并且显示在窗口的_____。

23. Access 2010 提供了按内容、按条件、按窗体、_____筛选等 4 种筛选方式。

24. 当两个数据表建立了关联后，通过_____就有了父表、子表之分。

25. 字段名的最大长度为_____个字符。

26. 在"选课成绩"表中筛选刚好是 60 分的学生，需在"筛选目标"文本框中输入_____。

27. 字段有效性规则是在给字段输入数据时所设置的_____。

28. 字段输入掩码是给字段输入数据时设置的某种特定的_____。

29. 在 Access 中，对同一个数据库中的多个表，若想建立表间的关联关系，就必须给表中的某字段建立_____或唯一索引。

30. 一般情况下，一个表可以建立多个索引，每一个索引可以确定表中记录的一种_____次序。

31. 排序操作会改变表中记录_____次序。

三、简答题

1. 数据表有"设计视图"和"数据表视图"，它们各有什么作用？

2. 举例说明 Access 数据库管理系统中实现的表间关联关系。

3. 简要说明创建表的几种方法。

4. 在字段属性中，格式和输入掩码有何区别？

5. 创建表间的关系应注意什么？

6. 设置有效性规则和有效性文本的作用是什么？

7. 举例说明"纽带表"的作用及其主键字段的组成。

习题三　数据查询

一、选择题

1. 下列关于条件的说法中，错误的是（　　　）。

　　A. 同行之间为逻辑"与"关系，不同行之间为逻辑"或"关系

　　B. 日期/时间类型数据在两端加上#

　　C. 数字类型数据需在两端加上双引号

　　D. 文本类型数据需在两端加上双引号

2. 在学生成绩表中，查询成绩为 70～80 分之间（不包括 80）的学生信息。正确的条件设置为（　　　）。

　　A. >69 or <80　　　B. Between 70 and 80　　C. >=70 and <80　　　D. in(70,79)

3. 若要在文本型字段执行全文搜索，查询"Access"开头的字符串，正确的条件表达式设置为（　　　）。

　　A. like "Access*"　　B. like "Access"　　　C. like "*Access*"　　　D. like "*Access

4. 参数查询时，在一般查询条件中写上（　　　），并在其中输入提示信息。

　　A. ( )　　　　　　B. <>　　　　　　　C. {}　　　　　　D. []

5. 使用查询向导，不可以创建（　　　）。

　　A. 单表查询　　　B. 多表查询　　　　　C. 带条件查询　　　D. 不带条件查询

6. 在学生成绩表中，若要查询姓"张"的女同学的信息，正确的条件设置为（　　　）。

　　A. 在"条件"单元格输入：姓名="张" AND 性别="女"

　　B. 在"性别"对应的"条件"单元格中输入："女"

　　C. 在"性别"的条件行输入"女"，在"姓名"的条件行输入：LIKE "张*"

　　D. 在"条件"单元格输入：性别="女"AND 姓名="张*"

7. 统计学生成绩最高分，应在创建总计查询时，分组字段的总计项应选择（　　　）。

　　A. 总计　　　　　B. 计数　　　　　　C. 平均值　　　　　　D. 最大值

8. 查询设计好以后，可进入"数据表"视图观察结果，不能实现的方法是（　　　）。

　　A. 保存并关闭该查询后，双击该查询

　　B. 直接单击工具栏中的"运行"按钮

　　C. 选定"表"对象，双击"使用数据表视图创建"选项

　　D. 单击工具栏最左端的"视图"按钮，切换到"数据表"视图

9. SQL 的数据操纵语句不包括（　　　）。

　　A. INSERT　　　　B. UPDATE　　　　C. DELETE　　　　D. CHANGE

10. SELECT 命令中用于排序的关键词是（　　　　）。

    A. GROUP BY   B. ORDER BY   C. HAVING   D. SELECT

11. SELECT 命令中条件短语的关键词是（　　　　）。

    A. WHILE   B. FOR   C. WHERE   D. CONDITION

12. SELECT 命令中用于分组的关键词是（　　　　）。

    A. FROM   B. GROUP BY   C. ORDER BY   D. COUNT

13. 下面（　　　　）不是 SELECT 语句中的计算函数。

    A. SUM   B. COUNT   C. MAX   D. AVERAGE

14. 将表 A 的记录添加到表 B 中，要求保持表 B 中原有的记录，可以使用的查询是（　　　　）。

    A. 选择查询   B. 生成表查询   C. 追加查询   D. 更新查询答案

15. 在 Access 中，查询的数据源可以是（　　　　）。

    A. 表   B. 查询   C. 表和查询   D. 表、查询和报表

16. 在一个 Access 的表中有字段"专业"，要查找包含"信息"两个字的记录，正确的条件表达式是（　　　　）。

    A. =left([专业],2)="信息"   B. like"*信息*"

    C. ="*信息*"   D. Mid([专业],2)="信息"

17. 现有某查询设计视图（见下图），该查询要查找的是（　　　　）。

字段：	学号	姓名	性别	出生年月	身高	体重
表：	体检首页	体检首页	体检首页	体检首页	体质测量表	体质测量表
排序：						
显示：	☑	☑	☑	☑	☑	☑
准则：			"女"		>=160	
或：			"男"			

    A. 身高在 160cm 以上的女性和所有的男性   B. 身高在 160cm 以上的男性和所有的女性

    C. 身高在 160cm 以上的所有人或男性   D. 身高在 160cm 以上的所有人

18. 条件"Not 工资额>2000"的含义是（　　　　）。

    A. 选择工资额大于 2000 的记录

    B. 选择工资额小于 2000 的记录

    C. 选择除了工资额大于 2000 之外的记录

    D. 选择除了字段工资额之外的字段，且大于 2000 的记录

19. SQL 语句不能创建的是（　　　　）。

    A. 报表   B. 操作查询   C. 选择查询   D. 数据定义查询

20. 在下列查询语句中，与 SELECT TAB1.* FROM TAB1 WHERE InStr([简历],"篮球")<>0 功能相同的语句是（　　　　）。

    A. SELECT TAB1.* FROM TAB1 WHERE TAB1.简历 Like"篮球"

    B. SELECT TAB1.* FROM TAB1 WHERE TAB1.简历 Like"*篮球"

    C. SELECT TAB1.* FROM TAB1 WHERE TAB1.简历 Like"*篮球*"

    D. SELECT TAB1.* FROM TAB1 WHERE TAB1.简历 Like"篮球*"

21. 在 Access 数据库中创建一个新表，应该使用的 SQL 语句是（　　　）。

　　A. CREATE Table　　　　　　　　B. CREATE Index

　　C. ALTER Table　　　　　　　　　D. CREATE Database

22. 已知"借阅"表中有"借阅编号"、"学号"和"借阅图书编号"等字段，每个学生每借阅一本书生成一条记录，要求按学号统计出每个学生的借阅次数，下列 SQL 语句中，正确的是（　　　）。

　　A. SELECT 学号, COUNT(学号) FROM 借阅

　　B. SELECT 学号, COUNT(学号) FROM 借阅 GROUP BY 学号

　　C. SELECT 学号, SUM(学号) FROM 借阅

　　D. SELECT 学号, SUM(学号) FROM 借阅 ORDER BY 学号

23. 假设"公司"表中有编号、名称、法人等字段，查找公司名称中有"网络"二字的公司信息，正确的命令是（　　　）。

　　A. SELECT * FROM 公司 FOR 名称 = " *网络* "

　　B. SELECT * FROM 公司 FOR 名称 LIKE "*网络*"

　　C. SELECT * FROM 公司 WHERE 名称="*网络*"

　　D. SELECT * FROM 公司 WHERE 名称 LIKE "*网络*"

24. 利用对话框提示用户输入查询条件，这样的查询属于（　　　）。

　　A. 选择查询　　　B. 参数查询　　　C. 操作查询　　　D. SQL 查询

25. 在 SQL 查询中，"GROUP BY"的含义是（　　　）。

　　A. 选择行条件　　B. 对查询进行排序　　C. 选择列字段　　D. 对查询进行分组

26. 如果在查询条件中使用通配符"[]"，其含义是（　　　）。

　　A. 错误的使用方法　　　　　　　B. 通配不在括号内的任意字符

　　C. 通配任意长度的字符　　　　　D. 通配方括号内任一单个字符

27. 在 SQL 的 SELECT 语句中，用于实现选择运算的子句是（　　　）。

　　A. FOR　　　　　B. IF　　　　　C. WHILE　　　　D. WHERE

28. "学生表"中有"学号"、"姓名"、"性别"和"入学成绩"等字段。执行如下 SQL 命令后的结果是（　　　）。

SELECT AVG(入学成绩)FROM 学生表 GROUP BY 性别

　　A. 计算并显示所有学生的平均入学成绩

　　B. 计算并显示所有学生的性别和平均入学成绩

　　C. 按性别顺序计算并显示所有学生的平均入学成绩

　　D. 按性别分组，统计每组入学成绩的平均值

29. 假设某数据库表中有一个工作时间字段、查找 1992 年参加工作的职工记录的准则是（　　　）。

　　A. BETWEEN #92-01-01 # AND #92-12-31 #

　　B. Between "92-01-01" And "92-12-31"

　　C. Between "92.01.01" And "92.12.31"

　　D. #92.01.01 # # And#92.12.31 #

30. 关于统计函数 SUM(字符串表达式)，下列叙述正确的是（　　　）。

　　A. 可以返回多个字段符合字符表达式条件的值的总和

B. 统计字段的数据类型应该是数字数据类型

C. 字符串表达式中可以不含字段名

D. 以上都不正确

31. 下列不合法的表达式是（　　　）。

A. "性别" = "男"Or 性别 = "女"　　　　B. [性别]like"男" Or [性别] = "女"

C. [性别] like"男"Or [性别]like"女"　　D. [性别] = "男"Or[性别] = "女"

32. 下列合法的表达式是（　　　）。

A. 教师编号 Between 100000 And 200000　　B. [性别] = "男" Or[性别] = "女"

C. [基本工资]>=1000[基本工资]<=10000　　D. [性别] like"男"=[性别]like"女"

33. 假设某数据库表中有一个工作时间字段，查找 15 天前参加工作的记录的准则是（　　　）。

A. = Date()-15　　B. < Date()- 15　　C. > Date()-15　　D. < =Date()- 15

34. 假设某数据库表中有一个工作时间字段，查找 20 天之内参加工作的记录的准则是（　　　）。

A. Between Date()Or Date() – 20　　B. < Date()And > Date() – 20

C. Between Date()And Date() – 20　　D. < Date()-20

35. 操作查询包括（　　　）。

A. 生成表查询、更新查询、删除查询和交叉表查询

B. 生成表查询、删除查询、更新查询和追加查询

C. 选择查询、普通查询、更新查询和追加查询

D. 选择查询、参数查询、更新查询和生成表查询

36. 除了从表中选择数据外，还可以对表中的数据进行修改的查询是（　　　）。

A. 选择查询　　B. 参数查询　　C. 操作查询　　D. 生成表查询

37. 查询向导不能创建（　　　）。

A. 选择查询　　B. 交叉表查询　　C. 重复项查询　　D. 参数查询

38. 以下关于查询的叙述正确的是（　　　）。

A. 只能根据数据库表创建查询　　B. 只能根据已建查询创建查询

C. 可以根据数据库表和已建查询创建查询　D. 不能根据已建查询创建查询

39. SQL 语句中的 DROP 关键字的功能是（　　　）。

A. 创建表　　　　　　　　　　　　B. 在表中增加新字段

C. 从数据库中删除表　　　　　　　D. 删除表中记录

40. 创建"学生(ID,姓名,性别,出生)"表（ID 为关键字段）的正确 SQL 语句是（　　　）。

A. CREATE TABLE 学生([ID]integer;[姓名]text;[出生]date,CONSTRAINT[index]PRIMARY KEY([ID])

B. CREATE TABLE 学生([ID]integer,[姓名]text,[出生]date，CONSTRAINT[index]PRIMARY KEY([ID])

C. CHEATE TABLE 学生([ID,integer],[姓名 text],[出生],date,CONSTRAINT[index]PRIMARYKEY([ID])

D. CREATE TABLE 学生([ID, integer];[姓名,text];[出生],date,CONSTRAINT [index] PRIMARYKEY([ID]))

41. 特殊运算符"Is Null"用于指定一个字段为（　　　）。

A. 空值　　　　B. 空字符串　　　　C. 默认值　　　　D. 特殊值

42. 返回一个由字符表达式的第 1 个字符重复组成的指定长度为数值表达式值的字符串的函数为

（　　　）。

A. Space() B. String() C. Left() D. Right()

43. 返回一个值，该值是从字符表达式左侧第 1 个字符开始截取若干个字符的函数为（　　）。

A. Space() B. String() C. Left() D. Right()

44. 返回一个值，该值是从字符表达式右侧第 1 个字符开始截取若干个字符的函数为（　　）。

A. Space() B. String() C. Left() D. Right()

45. 返回字符表达式的字符个数，当字符表达式为 Null 时，返回 Null 值的函数为（　　）。

A. Len() B. LTrim() C. RTrim() D. Tim()

46. 返回去掉字符表达式前导空格的字符串的函数为（　　）。

A. Len() B. LTrim() C. RTrim() D. Tim()

47. 返回去掉字符表达式尾部空格的字符串的函数为（　　）。

A. Len() B. Lim() C. RTrim() D. Tim()

48. 返回去掉字符表达式前导和尾部空格的字符串的函数为（　　）。

A. Len() B. LTrim() C. RTrim() D. Trim()

49. 返回一个值，该值从字符表达式最左端某个字符开始，截取到某个字符为止的若干个字符的函数为（　　）。

A. Mid() B. Day(date) C. Month(date) D. Year(date)

50. 返回给定日期 1~31 的值，表示给定日期是一个月中的哪一天的函数为（　　）。

A. Mid() B. Day(date) C. Month(date) D. Year(date)

51. 返回给定日期 1~12 的值，表示给定日期是一年中的哪个月的函数为（　　）。

A. Mid() B. Day(date) C. Month(date) D. Year(date)

52. 返回给定日期 100~9999 的值，表示给定日期是哪一年的函数为（　　）。

A. Mid() B. Day(date) C. Month(date) D. Year(date)

53. 返回给定日期 1~7 的值，表示给定日期是一周中的哪一天的函数为（　　）。

A. Weekday(date) B. Hour(date) C. Date() D. Sum()

54. 返回给定小时 0~23 的值，表示给定时间是一天中的哪个时刻的函数为（　　）。

A. Weekday(date) B. Hour(date) C. Date() D. Sum()

55. 返回当前系统日期的函数为（　　）。

A. Weekday(date) B. Hour(date) C. Date() D. Sum()

56. 返回字符表达式中值的总和的函数为（　　）。

A. Weekday(date) B. Hour(date) C. Date() D. Sum()

57. 返回字符表达式中值的平均值的函数为（　　）。

A. Avg() B. Count() C. Max D. Min

58. 返回字符表达式中值的个数，即统计记录数的函数为（　　）。

A. Avg() B. Count() C. Max() D. Min()

59. 返回字符表达式中值的最大值的函数为（　　）。

A. Avg() B. Count() C. Max() D. Min()

60. 返回字符表达式中值的最小值的函数为（　　）。

A. Avg() B. Count() C. Max() D. Min()

二、填空题

1. 在 Access 2010 中，_____ 查询的运行一定会导致数据表中数据发生变化。

2. 在"课程"表中，要确定周课时数是否大于 80 且小于 100，可输入_____。（每学期按 18 周计算）

3. 在交叉表查询中，只能有一个_____和值，但可以有一个或多个_____。

4. 在成绩表中，查找成绩在 75～85 之间的记录时，条件为_____。

5. 在创建查询时，有些实际需要的内容在数据源的字段中并不存在，但可以通过在查询中增加_____来完成。

6. 如果要在某数据表中查找某文本型字段的内容以"S"开头，以"L"结尾的所有记录，则应该使用的查询条件是_____。

7. 交叉表查询将来源于表中的_____进行分组，一组列在数据表的左侧，一组列在数据表的上部。

8. 将 1990 年以前参加工作的教师的职称全部改为副教授，则适合使用_____查询。

9. 利用对话框提示用户输入参数的查询过程称为_____。

10. 查询建好后，要通过_____来获得查询结果。

11. SQL 通常包括：_____、_____、_____、_____。

12. SELECT 语句中的 SELECT * 说明_____。

13. SELECT 语句中的 FROM 说明_____。

14. SELECT 语句中的 WHERE 说明_____。

15. SELECT 语句中的 GROUP BY 短语用于进行_____。

16. SELECT 语句中的 ORDER BY 短语用于对查询的结果进行_____。

17. SELECT 语句中用于计数的函数是_____，用于求和的函数是_____，用于求平均值的函数是_____。

18. UPDATE 语句中没有 WHERE 子句，则更新_____记录。

19. INSERT 语句的 VALUES 子句指定_____。

20. DELETE 语句中不指定 WHERE，则_____。

21. 函数 Right("计算机等级考试",4)的执行结果是_____。

22. 在 Access 中，要在查找条件中与任意一个数字字符匹配，可使用的通配符是_____。

23. 在学生成绩表中，如果需要根据输入的学生姓名查找学生的成绩，需要使用的是_____查询。

24. Int(−3.25)的结果是_____。

25. 创建查询的首要条件是要有_____。

26. 生成表查询可以使原有_____扩大并得到合理改善。

27. 更新查询的结果，可对数据源中的数据进行_____。

28. 查询是对数据库中表的数据进行查找，同时产生一个类似于_____的结果。

29. 查询的结果是一组数据记录，即_____。

30. 选择查询可以从一个或多个_____中获取数据并显示结果。

31. 交叉表查询是利用了表中的_____来统计和计算的。

32. 创建查询的方法有两种：_____和_____。

33. 每个查询都有 3 种视图，一是_____，二是_____，三是_____。

34. 查询中有两种基本的计算：_____和_____。

35. Like 用于_____。

36. 在 Access 中，查询不仅具有查找的功能，而且还具有_____功能。

37. 如果一个查询的数据源仍是查询，而不是表，则该查询称为_____。

38. 准则是查询中用来识别所需特定记录的_____。

习题四　窗　　体

一、选择题

1. 下面关于列表框和组合框叙述正确的是（　　　）。

    A. 列表框和组合框都可以显示一行或多行数据

    B. 可以在列表框中输入新值，而组合框不能

    C. 可以在组合框中输入新值，而列表框不能

    D. 在列表框和组合框中均可以输入新值

2. 为窗体上的控件设置控件来源、应选择属性表中的（　　　）选项卡。

    A. 格式　　　　　　　B. 数据　　　　　　　C. 事件　　　　　　　D. 其他

3. 下述有关"选项组"控件叙述正确的是（　　　）。

    A. 如果选项组结合到某个字段，实际上是组框架内的控件结合到该字段上

    B. 在选项组中可以选择多个选项

    C. 只要单击选项组中所需的值，就可以为字段选定数据值

    D. 以上说法都不对

4. 表格式窗体同一时刻能显示（　　　）。

    A. 1 条记录　　　　　B. 2 条记录　　　　　C. 3 条记录　　　　　D. 多条记录

5. 窗口事件是指操作窗口时所引发的事件，下列不属于窗口事件的是（　　　）。

    A. 打开　　　　　　　B. 关闭　　　　　　　C. 加载　　　　　　　D. 取消

6. 下列不是窗体组成部分的是（　　　）。

    A. 窗体页眉　　　　　B. 窗体页脚　　　　　C. 主体　　　　　　　D. 窗体设计器

7. 自动创建的窗体是（　　　）。

    A. 纵栏式　　　　　　B. 新奇式　　　　　　C. 表格式　　　　　　D. 数据表

8. 使用窗体设计器，不能创建（　　　）。

    A. 数据维护窗体　　　B. 开关面板窗体　　　C. 报表　　　　　　　D. 自定义对话窗体

9. 创建窗体的数据源不能是（　　　）。

    A. 一个表　　　　　　　　　　　　　　　　B. 报表

    C. 一个单表创建的查询　　　　　　　　　　D. 一个多表创建的查询

10. 下列不是窗体控件的是（　　　）。

    A. 表　　　　　　　　B. 标签　　　　　　　C. 文本框　　　　　　D. 组合框

11. 下面关于窗体的作用叙述错误的是（　　　）。

    A. 可以接收用户输入的数据或命令　　　　　B. 可以编辑、显示数据库中的数据

C. 可以构造方便、美观的输入/输出界面　　D. 可以直接存储数据

12. Access 2010 提供了纵栏式、表格式等（　　）种类型的窗体。

A. 3　　　　　B. 4　　　　　C. 5　　　　　D. 6

13. 窗体中控件的类型有（　　）种。

A. 3　　　　　B. 4　　　　　C. 5　　　　　D. 6

14. 属于交互式控件的是（　　）。

A. 标签控件　　B. 文本框控件　　C. 命令按钮控件　　D. 图像控件

15. 如果选项组控件结合到数据表中的某个字段，则是指（　　）结合到此字段。

A. 组框架内的复选框　　　　　　　B. 组框架内选项按钮

C. 组框架内切换按钮　　　　　　　D. 组框架本身

16. "输入掩码"用于设定控件的输入格式，对（　　）数据有效。

A. 数字型　　B. 货币型　　C. 日期型　　D. 备注型

17. 主窗体和子窗体通常用于显示具有（　　）关系的多个表或查询的数据。

A. 一对一　　B. 一对多　　C. 多对一　　D. 多时多

18. 当窗体中的内容太多无法放在一页中全部显示时，可以用下列（　　）控件来分页。

A. 命令按钮　　B. 选项卡　　C. 组合框　　D. 选项组

19. 数据表式窗体同一时刻能显示（　　）。

A. 1条记录　　B. 2条记录　　C. 3条记录　　D. 多条记录

20. 不是窗体文本框控件的格式属性的选项是（　　）。

A. 标题　　B. 可见性　　C. 前景颜色　　D. 背景颜色

21. 用表达式作为数据源的控件类型是（　　）。

A. 结合型　　B. 非结合型　　C. 计算型　　D. 以上都是

22. 主/子窗体中，主窗体只能显示为（　　）。

A. 纵栏式窗体　　B. 表格式窗体　　C. 数据表式窗体　　D. 图表式窗体

23. 纵栏式窗体同一时刻能显示（　　）。

A. 1条记录　　B. 2条记录　　C. 3条记录　　D. 多条记录

24. 在某窗体的文本框中输入"=now()"，则在窗体视图上的该文本框中显示（　　）。

A. 系统时间　　B. 系统日期　　C. 当前页码　　D. 系统日期和时间

25. 图表窗体的数据源是（　　）。

A. 数据表　　B. 查询　　C. 数据表或查询　　D. 以上都不是

26. 在窗体的"窗体"视图中可以进行（　　）。

A. 创建或修改窗体　　　　　　　B. 显示、添加或修改表中的数据

C. 创建报表　　　　　　　　　　D. 以上都可以

27. 下列不属于 Access 2010 窗体视图的是（　　）。

A. "设计"视图　　　　　　　　　B. "查询"视图

C. "窗体"视图　　　　　　　　　D. "数据表"视图

28. 当需要将一些切换按钮、选项按钮或复选框组合起来使用时，需要使用的控件是（　　）。

A. 列表框　　B. 复选框　　C. 选项组　　D. 组合框

29. Access 的窗体由多个部分组成，每个部分称为一个（　　　　）。
    A. 控件　　　　　　　　B. 子窗体　　　　　　　C. 节　　　　　　　　　D. 页
30. 窗体中控件的类型有（　　　　）。
    A. 绑定型　　　　　　　B. 非绑定型　　　　　　C. 计算型　　　　　　　D. 以上都是
31. 没有数据来源的控件类型是（　　　　）。
    A. 绑定型　　　　　　　B. 非绑定型　　　　　　C. 计算型　　　　　　　D. 以上都是
32. 用于显示、更新数据库中的字段的控件类型的是（　　　　）。
    A. 绑定型　　　　　　　B. 非绑定型　　　　　　C. 计算型　　　　　　　D. 以上都是
33. 用于显示线条、图像控件类型的是（　　　　）。
    A. 绑定型　　　　　　　B. 非绑定型　　　　　　C. 计算型　　　　　　　D. 图像控件
34. 不属于窗体命令按钮控件的格式属性的选项是（　　　　）。
    A. 输入掩码　　　　　　B. 可见性　　　　　　　C. 前景颜色　　　　　　D. 背景颜色
35. （　　　　）不是窗体组合框控件的格式属性的选项。
    A. 标题　　　　　　　　B. 可见性　　　　　　　C. 前景颜色　　　　　　D. 背景颜色
36. 不是窗体格式属性的选项是（　　　　）。
    A. 分隔线　　　　　　　B. 控件来源　　　　　　C. 导航按钮　　　　　　D. 滚动条
37. 主窗体和子窗体的链接字段不一定在主窗体或子窗体中显示，但必须包含在（　　　　）。
    A. 表中　　　　　　　　B. 查询中　　　　　　　C. 数据源中　　　　　　D. 外部数据库中
38. 窗体中所包含的窗体称为（　　　　）。
    A. 子窗体　　　　　　　B. 主窗体　　　　　　　C. 父窗体　　　　　　　D. 控件
39. 子窗体可以显示为（　　　　）。
    A. 纵栏式　　　　　　　B. 表格式　　　　　　　C. 数据表　　　　　　　D. 数据表或表格式
40. 关于控件组合叙述错误的是（　　　　）。
    A. 多个控件组合后，会形成一个矩形组合框
    B. 移动组合中的单个控件超过组合框边界时，组合框的大小会随之改变
    C. 当取消控件的组合时，将删除组合的矩形框并自动选中所有的控件
    D. 选中组合框，按【Del】键就可以取消控件的组合
41. Access 提供的制作窗体的向导是（　　　　）。
    A. 数据表向导　　　　　B. 图表向导　　　　　　C. 自动创建表格　　　　D. 自动创建窗体
42. 在计算控件中，每个表达式前都要加上（　　　　）。
    A. =　　　　　　　　　B. !　　　　　　　　　C. ,　　　　　　　　　D. Like
43. 数据透视表可以实现用户选定的（　　　　）计算。
    A. 数据透明　　　　　　B. 数据投影　　　　　　C. 交互式　　　　　　　D. 计算型

二、填空题

1. 窗体中的数据来源主要包括表和_____。
2. 窗体由多个部分组成，每个部分称为一个_____。
3. 纵栏式窗体将窗体中的一个显示记录按列分隔，每列的左边显示字段名，右边显示_____。
4. 在显示具有_____关系的表或查询中的数据时，子窗体特别有效。

5. 组合框和列表框的主要区别是是否可以在框中_____。

6. 窗体通常由窗体页眉、窗体页脚、页面页眉、页面页脚及_____5部分组成。

7. 窗体的页眉位于窗体的最上方，是由窗体控件组成的，主要用于显示窗体的_____。

8. 窗体中的窗体称为_____，包含子窗体的基本窗体称为主窗体。

9. 窗体的主体位于窗体的中心部分，是工作窗口的核心部分，由多种_____组成。

10. 使用窗体设计器，一可以创建窗体，二可以_____。

11. 窗口事件是指操作窗口时所引发的事件。常用的窗口事件有"打开"、"_____"和"_____"等。

12. 常用的对象事件有"获得焦点"、"失去焦点"、"更新前"和"_____"等。

13. 窗体的属性决定了窗体的结构、_____以及数据来源。

14. 鼠标事件是操作鼠标所引发的事件。鼠标事件有"单击"、"双击"、"鼠标按下"、"_____"和"鼠标移动"。

15. 一个窗体的好坏，不单单取决于窗体自身的属性，还取决于_____。

16. 窗体控件的种类很多，但其作用及_____各不相同。

17. 设置窗体属性的操作是在窗体的_____设计窗口进行的。

18. 页面页眉与页面页脚只出现在_____。

19. 窗体是数据库系统数据维护的_____。

20. 在_____窗体中可以随意地安排字段。

21. 窗体中的信息主要有两类：一类是设计的提示信息，另一类是所处理_____的记录。

22. 利用_____可以在窗体的信息和窗体的数据来源之间建立链接。

23. 窗体是用户和Access应用程序之间的主要_____。

24. 窗体可以用于表或查询中的数据，同时可以输入数据、编辑数据和_____。

25. 窗体页眉位于窗体的_____。

26. 窗体主体节通常用来显示_____。

27. Access 2010的窗体视图有6种，包括窗体视图、数据表视图、数据透视表与数据透视图、设计视图、_____。

28. 表格式窗体中可以显示_____的内容。

29. 数据表窗体的主要作用是作为一个窗体的_____。

30. 键盘事件是操作键盘所引发的事件。键盘事件主要有"键按下"、"_____"和"_____"等。

31. _____属性用于设定一个计算型控件或非结合型控件的初始值，可以使用表达式生成器向导来确定默认值。

32. 子窗体可以显示为数据表窗体，也可以显示为_____。

33. 用于设定控件的输入格式，仅对文本型或日期型数据有效的控件的数据属性为_____。

34. 图表窗体利用_____以图表方式显示用户的数据。

35. 图表窗体的数据源可以是表，也可以是_____。

36. 数据透视表窗体是以表或查询为数据源产生一个_____的分析表而建立的一种窗体。

37. 数据透视表允许用户对表格内的数据进行_____。

38. 创建窗体有_____方式和使用向导方式。

39. _____决定了一个控件或窗体中的数据来自于何处，以及操作数据的规则。

40. 在创建主/子窗体之前，要确定主窗体的数据源与子窗体的数据源之间存在着的_____关系。

41. 创建主/子窗体有两种方法：一是同时创建主窗体和子窗体；二是将_____作为子窗体加人到另一个已有的窗体中。

42. 控件是窗体上用于显示数据、_____和装饰窗体的对象。

43. 计算型控件用_____作为数据源。

44. 窗体由多个部分组成，每个部分称为一个_____，大部分的窗体只有_____。

45. _____主要是针对控件的外观或窗体的显示格式而设置的。

习题五   报   表

一、选择题

1. 以下叙述正确的是（   ）。
   - A. 报表只能输入数据
   - B. 报表只能输出数据
   - C. 报表可以输入和输出数据
   - D. 报表不能输入和输出数据

2. 要实现报表的分组统计，其操作区域是（   ）。
   - A. 报表页眉或报表页脚区域
   - B. 页面页眉或页面页脚区域
   - C. 主体区域
   - D. 组页眉或组页脚区域

3. 关于报表数据源的设置，以下说法正确的是（   ）。
   - A. 可以是任意对象
   - B. 只能是表对象
   - C. 只能是查询对象
   - D. 只能是表对象或查询对象

4. 要设置只在报表最后一页主体内容之后输出的信息，需要设置（   ）。
   - A. 报表页眉
   - B. 报表页脚
   - C. 页面页眉
   - D. 页面页脚

5. 在报表设计中，以下可以做绑定控件显示普通字段数据的是（   ）。
   - A. 文本框
   - B. 标签
   - C. 命令按钮
   - D. 图像控件

6. 要设置在报表每一页的底部都输出的信息，需要设置（   ）。
   - A. 报表页眉
   - B. 报表页脚
   - C. 页面页眉
   - D. 页面页脚

7. 要实现报表按某字段分组统计输出，需要设置（   ）。
   - A. 报表页脚
   - B. 该字段组页脚
   - C. 主体
   - D. 页面页脚

8. 要显示格式为"页码与总页数"的页码，应当设置文本框的控件来源属性值为（   ）。
   - A. [Page]/[Pages]
   - B. = [Page]/[Pages]
   - C. [Page] & "/" & [Pages]
   - D. = [Page] & "/" & [Pages]

9. 如果设置报表上某个文本框的控件来源属性为"= 2*3 + 1"，则打开报表视图时，该文本框显示的信息是（   ）。
   - A. 未绑定
   - B. 7
   - C. 2*3 + 1
   - D. 出错

10. 不是报表的组成部分的是（   ）。
    - A. 报表页眉
    - B. 报表页脚
    - C. 报表主体
    - D. 报表设计器

11. Access 2010 为报表操作提供了（   ）种视图。
    - A. 2
    - B. 3
    - C. 4
    - D. 5

12. 报表页眉主要用来显示（   ）。
    - A. 标题
    - B. 数据
    - C. 分组名称
    - D. 汇总说明

13. 报表是以（　　　）格式表现用户的数据的一种方式。
　　A. 文档　　　　　B. 显示　　　　　C. 打印　　　　　D. 视图
14. 如果要设置整个报表的格式，应单击相应的（　　　）。
　　A. 报表选定器　　　　　　　　　　B. 报表设计器
　　C. 节选定器　　　　　　　　　　　D. 报表设计器或报表背景
15. 只在报表的最后一页底部输出的信息是通过（　　　）设置的。
　　A. 报表页眉　　　B. 页面页脚　　　C. 报表页脚　　　D. 报表主体
16. 如果想要按实际大小显示报表背景图片，则在报表属性表中的"图片缩放模式"属性应设置为（　　　）。
　　A. 拉伸　　　　　B. 剪裁　　　　　C. 缩放　　　　　D. 平铺
17. 在报表中添加时间时，Access 将在报表上添加一个（　　　），并将其"控件来源"属性设置为时间的表达式。
　　A. 标签控件　　　B. 组合框控件　　C. 文本框控件　　D. 列表框控件
18. 如果报表中没有页眉，则 Access 将显示时间的文本框添加到（　　　）。
　　A. 页面页眉节　　B. 主体节　　　　C. 页面页脚节　　D. 报表页脚节
19. 设计报表时，关于页眉/页脚的说法正确的是（　　　）。
　　A. 如果显示了页眉，就显示了页脚
　　B. 页眉和页脚可以分开显示，但必须都要显示
　　C. 可以只显示页眉或只显示页脚
　　D. 以上说法都不正确
20. 要设置在报表每一页的顶部都有输出的信息，需要设置（　　　）。
　　A. 报表页眉　　　B. 报表页脚　　　C. 页面页眉　　　D. 页面页脚
21. 在报表的"设计"视图中，各区段被表示成带状形式，称为（　　　）。
　　A. 段　　　　　　B. 节　　　　　　C. 页　　　　　　D. 章
22. 报表页眉节通常用于显示（　　　）。
　　A. 报表封面　　　B. 报表说明　　　C. 报表汇总　　　D. 报表补充
23. 报表主体节主要用来（　　　）。
　　A. 显示图形　　　B. 显示表　　　　C. 处理记录　　　D. 处理字段
24. 报表页面页眉节主要用来（　　　）。
　　A. 显示报表的标题、图形或说明性文字　　B. 显示报表中字段名或对记录的分组名称
　　C. 显示记录数据　　　　　　　　　　　D. 显示汇总说明
25. 报表类型不包括（　　　）。
　　A. 纵栏式　　　　B. 表格式　　　　C. 数据表式　　　D. 图表式
26. 在报表的每页底部输出的信息通过（　　　）。
　　A. 报表主体设置　B. 页面页脚设置　C. 报表页脚设置　D. 报表页眉设置
27. Access 2010 中，不属于报表视图的是（　　　）。
　　A. "报表"视图　　　　　　　　　　B. "打印预览"视图
　　C. "布局"视图　　　　　　　　　　D. "报表打印"视图

28. 在 Access 中，创建报表的方式为（　　）。

    A. 使用"自动报表"功能　　　　　　B. 使用向导功能

    C. 使用设计视图　　　　　　　　　　D. 以上都是

29. 报表记录分组，是指报表设计时按选定的（　　）值是否相等而将记录划分成组的过程。

    A. 记录　　　　　B. 字段　　　　　C. 属性　　　　　D. 域

30. 创建报表时，可以设置（　　）对记录进行排序。

    A. 字段　　　　　B. 表达式　　　　C. 字段表达式　　D. 关键字

31. 纵栏式报表的字段标题信息被安排在（　　）节区显示。

    A. 报表页眉　　　B. 主体　　　　　C. 页面页眉　　　D. 页面页脚

32. 关于报表功能叙述错误的是（　　）。

    A. 可以呈现格式化的数据　　　　　　B. 可以分组组织数据，进行汇总

    C. 可以包含子报表　　　　　　　　　D. 可以操纵数据表

33. 报表是 Access 数据库的（　　）。

    A. 对象　　　　　B. 数据组织形式　C. 数据输出形式　D. 以上都是

34. 计算型控件的控件源必是以（　　）开头的一个计算表达式。

    A. ,　　　　　　B. <　　　　　　C. =　　　　　　D. >

35. 计算型控件的数据源主要是（　　）。

    A. 表　　　　　　B. 查询　　　　　C. 计算表达式　　D. 以上都是

36. 最常用的计算控件是（　　）。

    A. 文本框　　　　B. 标签　　　　　C. 命令按钮　　　D. 组合框

二、填空题

1. 完整报表设计通常由报表页眉、报表页脚、页面页眉、页面页脚、主体、_____和组页脚 7 部分组成。

2. 目前比较流行的报表有 4 种，它们是纵栏式报表、表格式报表、图表报表和_____。

3. _____用来处理记录数据，字段数据均须通过文本框或其他控件（主要是复选框和绑定对象）绑定显示，可包含计算的字段数据。

4. 在报表的设计视图中区段被表示成带状形式，称为_____。

5. Access 中的报表对象的数据源可以设置为_____。

6. 报表不能对数据源中的数据_____。

7. 报表页眉的内容只在报表的_____打印输出。

8. 页面页眉的内容在报表的_____打印输出。

9. 报表页脚的内容只在报表的_____打印输出。

10. 页面页脚的内容在报表的_____打印输出。

11. 报表数据输出不可缺少的是_____内容。

12. 计算控件的控件来源属性一般设置为_____开头的计算表达式。

13. 要在报表上显示格式为"4／总 15 页"的页码，则计算控件的控件来源为_____。

14. 报表主要用于对数据库中的数据进行_____计算、汇总和打印输出。

15. 每份报表只有_____报表页眉。

16. 报表标题一般放在_____中。

17. _____视图用于查看报表版面布局设置。

18. 在实际操作中，组页眉和组页脚根据需要可以_____。

19. 页面页脚一般包含_____或数据项的合计内容。

20. 纵栏式报表也称为_____。

21. 使用表向导创建报表，可以选择报表包含的字段，还可以定义_____。

22. 可以将_____转换为报表。

23. 报表的设计上要依赖于系统提供的一些_____。

24. 默认情况下，报表中的记录是以_____来排列显示的。

25. 报表向导中设置字段排序时一次最多能设置_____个字段。

26. 报表通过_____可以实现同组数据的汇总和显示输出。

27. 计算控件的控件源是_____。

28. _____视图用于查看报表的页面数据输出形态。

29. 子报表在连接到主报表之前应当确保已经正确地建立了_____。

30. 在 Access 中提供了 3 种创建报表的方式：使用_____功能、使用向导功能和使用_____。

31. 在报表的设计视图中可以对已经创建的报表进行的主要操作项目有_____、添加背景图、页码、时间和日期等。

32. _____视图用于创建和编辑报表的结构。

33. 报表的功能包括：可以呈现_____的数据，可以分组组织数据，进行汇总；可以包含子报表及图表数据；可以打印输出标签、发票和信封等多种样式报表；可以进行计数、求平均、求和等统计计算；可以显示数据。

34. Access 的报表操作提供了 4 种视图：设计视图、报表视图、_____视图和_____视图。

习题六　宏的创建与使用

一、选择题

1. 有关宏操作，叙述错误的是（　　　）。
   A. 宏的条件表达式中不能引用窗体或报表的控件值
   B. 所有宏操作都可以转化为相应的模块代码
   C. 使用宏可以启动其他应用程序
   D. 可以利用宏组来管理相关的一系列宏

2. 若要限制宏命令的操作范围，可以在创建宏时定义（　　　）。
   A. 宏操作对象　　　　　　　　　B. 宏条件表达式
   C. 窗体或报表控件属性　　　　　D. 宏操作目标

3. 在宏的表达式中要引用报表 test 上控件 txtName 的值，可以使用引用式（　　　）。
   A. txtName　　　　　　　　　　B. test!txtName
   C. Reports!test!txtName　　　　　D. Reoport!txtName

4. 下列操作中能产生宏操作的是（　　　）。
   A. 创建宏　　　　B. 运行宏　　　　C. 编辑宏　　　　D. 创建宏组

5. VBA 的自动运行宏，应当命名为（　　　）。
   A. AutoExec　　　B. Autoexe　　　C. Auto　　　　D. AutoExec.bat

6. 在"单步执行"对话框中，显示的是（　　　）的有关信息。
   A. 刚运行完的宏操作　　　　　　B. 下一个要执行的宏操作
   C. 以上都对　　　　　　　　　　D. 以上都不对

7. 若一个宏中包含多个操作，则在运行宏时将按（　　　）的顺序来运行这些操作。
   A. 从下到上　　　B. 从上到下　　　C. 随机　　　　D. 上述都不对

8. 宏组由（　　　）组成。
   A. 若干个宏操作　　B. 一个宏　　　C. 若干个宏　　　D. 上述都不对

9. 宏命令、宏、宏组的组成关系由小到大为（　　　）。
   A. 子宏 → 宏命令 → 宏组　　　　B. 宏命令 → 子宏 → 宏组
   C. 子宏 → 宏组 → 宏命令　　　　D. 以上都错

10. 下列关于宏的说法中，错误的是（　　　）。
    A. 宏是若干个操作的集合　　　　B. 每一个宏操作都有相同的宏操作参数
    C. 宏操作不能自定义　　　　　　D. 宏通常与窗体、报表中的命令按钮结合使用

11. 创建宏至少要定义一个"操作"，并设置相应的（　　　）。

  A. 宏操作参数　　　　B. 条件　　　　　　C. 命令按钮　　　　　D. 备注信息

12. 下列关于运行宏的说法中，错误的是（　　　　）。

  A. 运行宏时，对每个宏只能连续运行

  B. 打开数据库时，可以自动运行名为 AutoExec 的宏

  C. 可以通过窗体、报表上的控件来运行宏

  D. 可以在一个宏中运行另一个宏

13. 如果不指定对象，CloseWindow 将会（　　　　）。

  A. 关闭正在使用的表　　　　　　　　　B. 关闭当前数据库

  C. 关闭当前窗体　　　　　　　　　　　D. 关闭活动窗口

14. 打开表的模式有增加、编辑和（　　　　）3 种。

  A. 增加　　　　　　B. 只读　　　　　　C. 编辑　　　　　　D. 设计

15. （　　　　）是一系列操作的集合。

  A. 窗体　　　　　　B. 报表　　　　　　C. 宏　　　　　　　D. 模块

16. 使用（　　　　）可以决定在某些情况下运行宏时，某个操作是否进行。

  A. 语句　　　　　　B. 条件表达式　　　C. 命令　　　　　　D. 以上都不是

17. 宏组中的宏按（　　　　）调用。

  A. 宏名.宏　　　　 B. 宏组名.宏名　　 C. 宏名.宏组名　　 D. 宏.宏组名

18. 下列不能够通过宏来实现的功能是（　　　　）。

  A. 建立自定义菜单栏

  B. 实现数据自动传输

  C. 自定义过程的创建和使用

  D. 显示各种信息，并能够使计算机扬声器发出报警声，以引起用户注意

19. 宏的操作都可以在模块对象中通过编写（　　　　）语句来达到相同的功能。

  A. SQL　　　　　　B. VBA　　　　　　C. VB　　　　　　 D. 以上都不是

20. 下列操作中，不是通过宏来实现的是（　　　　）。

  A. 打开和关闭窗体　　　　　　　　　　B. 显示和隐藏工具栏

  C. 对错误进行处理　　　　　　　　　　D. 运行报表

21. 若在宏表达式中引用窗体 Forml 上控件 Txt1 的值，可以使用的引用式是（　　　　）。

  A. Txt1　　　　　 B. Form!Txt1　　 C. Forms!Form1!Txt1　 D. Forms!Txt1

22. 直接运行宏时，可以使用（　　　　）对象的 RunMacro 方法，从 VBA 代码过程中运行。

  A. Text　　　　　 B. Docmd　　　　 C. Command　　　　 D. Caption

23. 选择"数据库工具"→"运行宏"命令，再选择或输入要运行的宏，可以（　　　　）。

  A. 直接运行宏

  B. 运行宏或事件过程以响应窗体、报表或控件的事件

  C. 运行宏组里的子宏

  D. 以上都不正确

24. Access 系统中提供了（　　　　）执行的宏调试工具。

  A. 单步　　　　　　B. 多步　　　　　　C. 异步　　　　　　D. 同步

25. 用于显示消息框的宏命令是（　　　）。

    A. Beep　　　　　　B. MsgBox　　　　　　C. Quit　　　　　　D. Restore

26. 用于打开窗体的宏命令是（　　　）。

    A. OpenForm　　　　B. Requery　　　　　C. OpenReport　　　　D. OpenQuery

27. OpenReport 命令表示（　　　）。

    A. 打开数据库　　　　　　　　　　　　B. 打开报表

    C. 打开窗体　　　　　　　　　　　　　D. 执行指定的外部应用程序

28. 打开查询的宏操作是（　　　）。

    A. OpenQuery　　　　B. OpenTable　　　　C. OpenForm　　　　D. OpenReport

29. 停止当前运行的宏的宏操作命令是（　　　）。

    A. QuitAccess　　　　B. RunMacro　　　　C. StopMacro　　　　D. StopAllMacros

30. 条件宏的条件项是一个（　　　）。

    A. 字段列表　　　　　B. 算术表达式　　　　C. SQL 语句　　　　D. 逻辑表达式

31. 对于宏操作命令中的每个操作名称，用户（　　　）。

    A. 能够更改操作名称　　　　　　　　　B. 不能更改操作名称

    C. 对有些操作命令可以更改名称　　　　D. 能够通过调用外部命令更改操作名称

32. 下列关于宏的说法中，错误的是（　　　）。

    A. 宏是 Access 数据库的一个对象

    B. 宏的主要功能是使操作自动进行

    C. 使用宏可以完成许多繁杂的人工操作

    D. 只有熟悉掌握各种语法、函数，才能写出功能强大的宏命令

二、填空题

1. 通过宏打开某个数据表的宏命令是＿＿＿＿＿。

2. 在一个宏中运行另一个宏时，使用的宏操作命令是＿＿＿＿＿。

3. 打开查询的宏命令是＿＿＿＿＿。

4. 定义＿＿＿＿＿有利于数据库中宏对象的管理。

5. 如果要建立一个宏，希望执行该宏后，首先打开一个表，然后打开一个窗体，那么在该宏中，应使用＿＿＿＿＿和＿＿＿＿＿两个宏命令。

6. 若执行操作的条件是如果"姓名"为空，则条件表达式为＿＿＿＿＿。

7. 停止所有宏，包括调用此宏的任何宏时应该使用的宏操作是＿＿＿＿＿；停止当前正在运行的宏，应采用的宏操作是＿＿＿＿＿。

8. 实际上，所有宏操作都可以通过＿＿＿＿＿的方式转换为相应的模块代码。

9. 设置计算机发出嘟嘟声的宏操作是＿＿＿＿＿。

10. CloseWindow 命令用于＿＿＿＿＿。

11. 宏是由＿＿＿＿＿或＿＿＿＿＿操作组成的集合。

12. 通过执行宏，Access 能够有次序地＿＿＿＿＿执行一连串的操作。

13. 在宏中，如果设计了＿＿＿＿＿，有些操作就会根据条件情况来决定是否执行。

14. QuitAccess 命令用于＿＿＿＿＿。

15. 在 Access 中提供了将宏转换为等价的_____过程或模块的功能。

16. 按照宏所依附的位置来分类，可以分为 3 类：_____、_____和数据宏。

17. 被命名为_____保存的宏，在打开该数据库时会自动运行。

18. 在宏中添加了某个操作后，可以设置此操作的_____。

19. 通常情况下，直接运行宏或宏组里的宏只是进行宏的_____。

20. 使用_____执行，可以观察宏的流程和每一个操作的结果。

21. 根据宏操作命令的组织方式来分类，可以分为 4 类：_____、_____、宏组和条件操作宏。

三、简答题

1. 什么是宏？宏组？它们的主要功能是什么？

2. 如何将宏链接到窗体中？

3. 直接运行宏有哪几种方式？

4. 简述 Access 自动运行宏的作用及创建过程。

习题参考答案

习题一参考答案

一、选择题

1	2	3	4	5	6	7	8	9	10	11	12	13	14	15
C	B	D	D	A	C	A	D	C	B	C	C	B	D	A
16	17	18	19	20	21	22	23	24	25	26	27	28	29	30
D	D	C	D	C	D	A	C	A	C	D	D	B	B	D
31	32	33	34	35	36	37	38	39	40	41	42			
B	C	A	D	D	A	B	D	B	D	C	B			

二、填空题

1. 数据　　　2. 核心和基础　　　3. 数据库系统　　　4. 数据项

5. 改变　　　6. 数据模型　　　7. 关系　　　8. 字段属性

9. 表文件名　　10. 相同属性字段　　11. 相互独立性　　12. 外存设备

13. 数据源　　14. 有效的分离　　15. 其他对象　　16. 用户与操作系统

17. 连接　　18. 集合　　19. 数据库应用系统　　20. 实体

21. 数据库技术　　22. 描述数据；数据联系　　23. 单个的表

24. 属性　　25. 关系模型　　26. 并；叉；交　　27. 规范化设计

28. 联系　　29. 投影　　30. 自然连接　　31. 横向

32. 一对多联系　　33. 两；一　　34. DB

35. 传统的关系运算；专门的关系运算　　36. 用户定义的完整性

37. 一对一联系；一对多联系；多对多联系

38. 实体完整性　　39. 实体集　　40. 数据库设计

习题二参考答案

一、选择题

1	2	3	4	5	6	7	8	9	10	11	12	13	14	15
C	A	A	D	C	B	D	A	C	B	C	A	D	D	C
16	17	18	19	20	21	22	23	24	25	26	27	28	29	30
B	B	D	C	A	A	D	A	B	A	B	D	C	C	C
31	32	33	34	35	36	37	38	39	40	41	42	43	44	45
B	C	B	A	D	D	D	A	C	B	B	A	C	D	D
46	47	48	49	50	51	52	53	54	55	56	57	58		
C	C	C	D	A	A	C	B	C	D	A	B	B		

二、填空题

1. Microsoft Office	2. 表；查询；窗体；报表；宏；模块	3. 关系
4. 宏	5. 我的文档	6. .accdb
7. 1	8. 数据表	9. 字段；记录
10. 字段	11. 记录	12. 表；查询；SQL 语句
13. VBA	14. L	15. 多对多
16. 身份证号	17. 设计、数据表	18. 是/否
19. 主键	20. 0000	21. 结构、数据
22. 最左边	23. 高级	24. 关联字段
25. 255	26. =60	27. 约束条件
28. 输入格式	29. 主键（主索引）	30. 逻辑
31. 物理		

三、简答题

略。

习题三参考答案

一、选择题

1	2	3	4	5	6	7	8	9	10	11	12	13	14	15
C	C	A	D	C	C	D	C	D	B	C	B	D	C	C
16	17	18	19	20	21	22	23	24	25	26	27	28	29	30
B	A	C	A	C	D	B	D	B	D	D	D	A	A	A
31	32	33	34	35	36	37	38	39	40	41	42	43	44	45
A	B	B	C	B	C	D	C	C	B	A	B	C	D	A
46	47	48	49	50	51	52	53	54	55	56	57	58	59	60
B	C	D	A	B	C	D	A	B	C	D	A	B	C	D

二、填空题

1. 操作	2. [学时数]/18>80 and [学时数]/18<100
3. 列标题；行标题	4. [成绩] Between 75 and 85 或 [成绩]>=75 and [成绩]<=85
5. 计算	6. Like "S*" and Like "*L"
7. 字段	8. 更新查询　　9. 参数查询
10. 运行	11. 数据定义；数据操纵；数据查询；数据控制
12. 查询表中所有字段值	13. 查询的数据来自哪个表
14. 查询条件	15. 分组　　16. 排序
17. COUNT()；SUM()；AVG()	18. 全部
19. 字段更新的目标值	20. 删除所有记录
21. 等级考试	22. #　　23. 参数
24. -4	25. 数据来源　　26. 数据资源

27. 物理更新　　28. 表　　29. 动态集

30. 表　　31. 行和列　　32. 使用查询向导；使用设计视图

33. 设计视图；数据表视图；SQL 视图　　34. 预定义计算；自定义计算

35. 查找指定样式的字符串　　36. 计算

37. 子查询　　38. 限制条件

习题四参考答案

一、选择题

1	2	3	4	5	6	7	8	9	10	11	12	13	14	15
C	B	C	D	D	D	A	C	B	A	D	D	A	B	D
16	17	18	19	20	21	22	23	24	25	26	27	28	29	30
C	B	B	D	A	C	A	A	D	C	B	B	D	C	D
31	32	33	34	35	36	37	38	39	40	41	42	43		
B	A	B	A	A	B	C	A	D	D	B	A	C		

二、填空题

1. 查询　　2. 节　　3. 字段内容　　4. 一对多

5. 输入数据　　6. 主体　　7. 标题　　8. 子窗体

9. 窗体控件　　10. 修改窗体　　11. 关闭；加载　　12. 更新后

13. 外观　　14. 鼠标释放　　15. 窗体的布局　　16. 常用属性

17. 属性　　18. 打印的窗体上　　19. 主要工作界面　　20. 纵栏式和表格式

21. 表或查询　　22. 控件　　23. 接口　　24. 修改数据

25. 顶部位置　　26. 记录数据　　27. 布局视图　　28. 多条记录

29. 子窗体　　30. 键释放；击键　　31. 默认值　　32. 表格式窗体

33. 输入掩码　　34. Microsoft Graph　　35. 查询　　36. Excel

37. 操作　　38. 人工　　39. 数据属性　　40. 一对多

41. 已有的窗体　　42. 执行操作　　43. 表达式　　44. 节；主体节

45. 格式属性

习题五参考答案

一、选择题

1	2	3	4	5	6	7	8	9	10	11	12	13	14	15
B	D	D	B	A	D	B	D	B	D	C	A	C	D	C
16	17	18	19	20	21	22	23	24	25	26	27	28	29	30
B	C	B	A	C	B	A	C	B	C	C	D	D	B	A
31	32	33	34	35	36									
B	D	A	C	C	A									

二、填空题

1. 组页眉	2. 标签报表	3. 主体节	4. 节
5. 表名和查询名	6. 编辑修改	7. 每一页顶部	8. 每页顶部
9. 最后一页数据末尾	10. 每页底部	11. 主体	12. 等号 "="
13. =[Page]&"/总"&[Pages]		14. 分组	15. 一个
16. 报表页眉	17. 布局视图	18. 单独设置使用	19. 页码
20. 窗体报表	21. 报表布局及样式	22. 窗体	23. 报表控件
24. 自然顺序	25. 4	26. 分组	27. 计算表达式
28. 打印预览	29. 表间的关系	30. 自动报表;"设计"视图	
31. 设置报表格式	32. 设计	33. 格式化	34. 打印预览;布局视图

习题六参考答案

一、选择题

1	2	3	4	5	6	7	8	9	10	11	12	13	14	15
A	B	C	B	A	B	B	C	B	B	A	A	D	B	C

16	17	18	19	20	21	22	23	24	25	26	27	28	29	30
B	B	C	B	C	C	B	C	A	B	A	B	A	C	D

31	32													
B	D													

二、填空题

1. OpenTable	2. RunMacro	3. OpenQuery
4. 宏组	5. OpenTable;OpenForm	6. IsNull([姓名])
7. StopAllMacro;StopMacro	8. 另存为模块	9. Beep
10. 关闭一个对象	11. 一个;多个	12. 自动
13. 条件宏	14. 退出 Access	15. VBA 事件
16. 独立宏;嵌入宏	17. AutoExec	18. 参数
19. 一个宏;一个宏组	20. 单步跟踪	21. 操作序列宏、子宏

三、简答题

略。

附录 A 全国计算机等级考试二级 Access 考试大纲

公共基础知识部分

【基本要求】

1. 掌握算法的基本概念。
2. 掌握基本数据结构及其操作。
3. 掌握基本排序和查找算法。
4. 掌握逐步求精的结构化程序设计方法。
5. 掌握软件工程的基本方法，具有初步应用相关技术进行软件开发的能力。
6. 掌握数据库的基本知识，了解关系数据库的设计。

【考试内容】

一、基本数据结构与算法

1. 算法的基本概念；算法复杂度的概念和意义（时间复杂度与空间复杂度）。
2. 数据结构的定义；数据的逻辑结构与存储结构；数据结构的图形表示；线性结构与非线性结构的概念。
3. 线性表的定义；线性表的顺序存储结构及其插入与删除运算。
4. 栈和队列的定义；栈和队列的顺序存储结构及其基本运算。
5. 线性单链表、双向链表与循环链表的结构及其基本运算。
6. 树的基本概念；二叉树的定义及其存储结构；二叉树的前序、中序和后序遍历。
7. 顺序查找与二分法查找算法；基本排序算法（交换类排序，选择类排序，插入类排序）。

二、程序设计基础

1. 程序设计方法与风格。
2. 结构化程序设计。
3. 面向对象的程序设计方法，对象，方法，属性及继承与多态性。

三、软件工程基础

1. 软件工程基本概念，软件生命周期概念，软件工具与软件开发环境。
2. 结构化分析方法，数据流图，数据字典，软件需求规格说明书。
3. 结构化设计方法，总体设计与详细设计。
4. 软件测试的方法，白盒测试与黑盒测试，测试用例设计，软件测试的实施，单元测试、集成测试和系统测试。
5. 程序的调试，静态调试与动态调试。

四、数据库设计基础

1. 数据库的基本概念：数据库，数据库管理系统，数据库系统。
2. 数据模型，实体联系模型及 E-R 图，从 E-R 图导出关系数据模型。
3. 关系代数运算，包括集合运算及选择、投影、连接运算，数据库规范化理论。
4. 数据库设计方法和步骤：需求分析、概念设计、逻辑设计和物理设计的相关策略。

专业语言部分

【基本要求】

1. 掌握数据库系统的基础知识。
2. 掌握关系数据库的基本原理。
3. 掌握数据库程序设计方法。
4. 能使用 Access 建立一个小型数据库应用系统。

【考试内容】

一、数据库基础知识

1. 基本概念：数据库，数据模型，数据库管理系统。
2. 关系数据库基本概念：关系模型，关系，元组，属性，字段，域，值，主关键字等。
3. 关系运算基本概念：选择运算，投影运算，连接运算。
4. SQL 基本命令：查询命令，操作命令。
5. Access 系统基本概念。

二、数据库和表的基本操作

1. 创建数据库。
2. 建立表：
（1）建立表结构。
（2）字段设置，数据类型及相关属性。
（3）建立表间联系。
3. 表的基本操作：
（1）向表中输入数据。
（2）修改表结构，调整表外观。
（3）编辑表中数据。
（4）表中记录排序。
（5）筛选记录。
（6）汇总数据。

三、查询

1. 查询基本概念：
（1）查询分类
（2）查询条件
2. 选择查询。
3. 交叉表查询。

4. 生成表查询。

5. 删除查询。

6. 更新查询。

7. 追加查询。

8. 结构化查询语言 SQL。

四、窗体

1. 窗体基本概念：窗体的类型和视图。

2. 创建窗体：窗体中常见控件，窗体和控件常见属性。

五、报表

1. 报表基本概念。

3. 创建报表：报表中常见控件，报表和控件的常见属性。

六、宏

1. 宏基本概念。

2. 事件基本操作。

3. 常见宏操作命令。

七、VBA 编程基础

1. 模块基本概念。

2. 创建模块：

（1）创建 VBA 模块：在模块中加入过程，在模块中执行宏。

（2）编写事件过程：键盘事件，鼠标事件，窗口事件，操作事件和其他事件。

3. VBA 编程基础：

（1）VBA 编程基本概念。

（2）VBA 流程控制：顺序结构，选择结构，循环结构。

（3）VBA 函数/过程调用。

（4）VBA 数据文件读写。

（5）VBA 错误处理和程序调试（设置断点，单步跟踪，设置监视窗口）。

八、VBA 数据库编程

1. VBA 数据库编程基本概念。

ACE 引擎和数据库编程接口技术，数据访问对象（DAO），ActiveX 数据对象（ADO）。

2. VBA 数据库编程技术。

【考试方式】

上机考试，考试时长 120 分钟，满分 100 分。

1. 题型及分值：

单项选择题 40 分（含公共基础知识部分 10 分）。

操作题 60 分（包括基本操作题、简单应用题及综合应用题）。

2. 考试环境：

操作系统：中文版 Windows 7。

开发环境：Microsoft Office Access 2010。

附录 B　实验报告格式及示例

写实验报告要求目的明确、内容充实、步骤清晰，实验结论正确，实验小结真实生动，一份完整的实验报告，通常由以下几部分组成：

1. 实验名称。
2. 实验目的。
3. 实验内容。
4. 实验过程。
5. 结果的评定及分析。
6. 对实验中存在的问题、数据结果等进行总结。

实验名称　数据表、数据库的创建与维护

一、实验目的
1. 熟悉 Access 的工作界面。
2. 熟练掌握数据库的创建方法和过程。
3. 掌握数据表的基本操作。
4. 掌握各种筛选记录的方法。
5. 掌握表中记录的排序方法。
6. 掌握表间关联关系的建立。

二、实验内容
1. 在硬盘上建立一个以自己学号命名的文件夹。
2. 创建一个图书查询管理的空数据库，把它存放在自己的文件夹下。
3. 在图书查询管理数据库中分别建立读者信息表、图书信息表、借阅信息表、图书类别表 4 个表，其关系模式如下：

读者信息表 (读者编号, 姓名, 性别, 办证日期, 联系电话, 照片, 工作单位)

图书信息表 (图书编号, 书名, 类别代码, 出版社, 作者, 价格, 页码, 登记日期, 是否借出)

借阅信息表 (读者编号, 图书编号, 借书日期, 还书日期, 超期天数, 罚款金额)

图书类别表 (类别代码, 图书类别, 借出天数)

4. 根据实际需求，分别设定各表中字段的数据类型，输入相应的数据（数据自拟，每表不低于 5 条数据）。
5. 设置读者信息表中性别字段的默认值、有效性规则和有效性文本。
6. 按高级筛选/排序方法，显示读者信息表中所有性别为女，且办证日期在 2012 年以前的记录。
7. 对图书信息表中的记录按出版社和作者两个字段排序，其中出版社字段为升序，作者字段为降序。

8. 建立各个表之间的联系。

（1）建立读者信息表与借阅信息表间的一对多联系。

（2）建立图书信息表与借阅信息表间的一对多联系。

（3）建立图书类别表与图书信息表间的一对多联系。

要求：

（1）写出以上操作的主要步骤。

（2）确定表之间的联系，参照教材 P18 的图 1-13 画出 E-R 图。

（3）列出每个表的结构，包括字段名称、字段类型和字段大小及表中的记录。

三、上机过程中出现的问题及解决方案

略。

四、上机总结与体会

略。

实验名称　查询的创建与操作

一、实验目的

1. 掌握查询设计器的使用。

2. 掌握创建计算查询的方法。

3. 掌握在查询中添加计算字段的方法。

4. 掌握应用 INSERT、DELETE、UPDATE 等语句进行记录的插入、删除和更新的基本方法。

5. 掌握数据查询语句 SELECT 的使用。

二、实验内容

1. 以读者信息表，图书信息表，借阅信息表，图书类别表为数据源，创建一个名为借阅明细表的查询，在该查询中，可显示借阅的详细信息包括：读者编号、姓名、图书编号、书名、出版社、作者、图书类别、借书日期、还书日期。

2. 以图书信息表为数据源，创建一个名为出版社统计的查询，在该查询中，可显示不同出版社图书的数量。

3. 以读者信息表为数据源，创建一个名为扩展读者信息的查询，在该查询中，除显示读者信息表中所有字段外，再增加一个年龄字段，其值为 year(date())-year([出生日期])。

4. 创建读者信息备份表，其备份包括该表的表结构和数据，备份后的表名为读者备份。

以下操作使用 SQL 命令完成：

5. 查询读者信息表中所有在 2011 年办证的记录。

```
SELECT _____
FROM 读者信息表
WHERE 办证日期 BETWEEN _____
```

6. 统计读者信息表的读者人数。

```
SELECT _____ AS 读者人数
FROM 读者信息表
```

7. 在图书信息表中查询各个出版社的图书最高价格、平均价格和册数。

```
SELECT 出版社,MAX(价格), _____, _____
```

FROM 图书信息表 _____ 出版社

8. 查询图书信息表中价格最低的前 20% 的图书。

SELECT _____ 书名, 价格

FROM 图书信息表

ORDER BY _____

9. 从图书信息表和图书类别表中, 查询借出天数大于 60 天图书的情况。

SELECT 图书编号, 书名, 作者, 出版社, 价格, 页码

FROM 图书信息表

WHERE 类别代码 _____ (SELECT 类别代码

　　FROM 图书类别表

　　WHERE _____)

10. 从"读者信息表"和"借阅信息表"中, 查询 2011 年的借阅图书情况。

SELECT 读者编号, 姓名, 性别, 图书编号, 借书日期

FROM _____

WHERE _____

要求: 写出以上操作的主要步骤、5 ~ 10 题写出使用的 SQL 命令。

三、上机过程中出现的问题及解决方案

略。

四、上机总结与体会

略。

实验名称　小型数据库应用系统设计

一、实验目的

1. 掌握应用系统开发的基本方法。

2. 掌握数据库设计的步骤和方法。

3. 掌握系统功能模块设计。

二、实验内容

结合自己的专业设计一个小型的数据库管理应用系统(教材和试验指导书上出现过的除外), 具体要求如下:

1. 根据数据库应用系统的功能, 画出系统功能模块图 (参照本书实验 14 图 14-1)。

2. 用 E-R 图建立该系统的概念模型 (参照教材 P18 的图 1-13)。

3. 用关系模式描述该数据库所有关系的结构, 并进行规范化处理, 要求达到 3NF。

4. 列出每个表的结构, 包括字段名称、字段类型和字段大小及表中的记录。

5. 设计一个系统登录窗体, 使用宏命令检验用户名和密码, 如果正确则调用系统主界面窗体。

6. 设计一个能表示本系统主要功能的系统主界面窗体。

三、上机过程中出现的问题及解决方案

略。

四、上机总结与体会

略。